WOLFGANG HÜNNEKENS

DIE ICH-SENDER

DAS SOCIAL MEDIA-PRINZIP
TWITTER, FACEBOOK & COMMUNITYS ERFOLGREICH EINSETZEN

BusinessVillage
Update your Knowledge!

WOLFGANG HÜNNEKENS
DIE ICH-SENDER
DAS SOCIAL MEDIA-PRINZIP
TWITTER, FACEBOOK & COMMUNITYS ERFOLGREICH EINSETZEN
3. Auflage, unveränderter Nachdruck, Göttingen 2010
ISBN 978-3-86980-005-9
© BusinessVillage GmbH, Göttingen

Bestellnummer
Druckausgabe Bestellnummer PB-808
ISBN 978-3-86980-005-9

Bezugs- und Verlagsanschrift
BusinessVillage GmbH
Reinhäuser Landstraße 22
37083 Göttingen
Telefon: +49 (0)5 51 20 99-1 00
Fax: +49 (0)5 51 20 99-1 05
E-Mail: info@businessvillage.de
Web: www.businessvillage.de

Layout und Satz
Sabine Kempke

Coverabbildung und Illustrationen im Buch
Nina Eggemann

Druck
Druckservice Brucker, Mainburg

Inhalt

Über den Autor

Wolfgang Hünnekens ist Gründer des Institutes of Electronic Business (IEB), Mitinhaber von Publicis Berlin sowie Gastprofessor für Digitale Kommunikation an der Universität der Künste und der Universität St. Gallen im Studiengang Leadership für digitale Kommunikation. Seit Mai 2008 ist er, auf Einladung der Senatsverwaltung für Wirtschaft, Technologie und Frauen, Mitglied des Berliner Lenkungskreises für das Cluster Kommunikation. und ist nicht zuletzt Vorsitzender des Berliner IHK Ausschusses „Creative Industries". Schon früh beschäftigte er sich mit Digitaler Kommunikation und erlebte in San Francisco (USA) live Aufstieg und Fall der damals sogenannten „New Economy", den ersten Internet-Hype. Der gebürtige Düsseldorfer lebt seit über 30 Jahren in Berlin, ist verheiratet und Vater von zwei Töchtern.

Vorwort

Dieses Buch musste geschrieben werden. Nicht, dass es nicht schon das eine oder andere Buch über Social Media geben würde – aber dieses Buch ist etwas Besonderes. Und das liegt weniger am Thema als an der Person, die es geschrieben hat. Wolfgang Hünnekens ist ein Macher, ein Mensch, der nicht still sitzt und wartet, dass etwas passiert, sondern der aktiv eingreift. Ein Mensch, der Ideen entwickelt und umsetzt, ein Mensch, der Probleme angeht und versucht, sie zu lösen. Mit Geduld, mit Ausdauer und mit der notwendigen Portion Neugier, aber auch mit der notwendigen Härte gegen sich und andere. Ich kann und darf das über ihn sagen, denn ich kenne ihn nun schon seit fast 30 Jahren.

Vielleicht hilft eine kleine Geschichte besser, die Person Hünnekens zu beschreiben: Herbst 1997, rund sechs Millionen Computer sind mit dem Internet verbunden – weltweit! Auch wenn bereits mehr kommerzielle Anbieter das World Wide Web nutzen als Wissenschaftler, das Web 1.0 steckt noch in den Kinderschuhen. Alle Welt ist verrückt nach Handys und Telefax, einen Internetzugang oder gar eine eigene E-Mail-Adresse haben die wenigsten. Fahrradkuriere sind die Helden der schnellen Datenübermittlung nicht nur in New York oder London, sondern auch in deutschen Metropolen. SPAM ist noch der englische Begriff für „Rindfleisch in Dosen" und Early Birds unter den Internet-Usern begeben sich allenfalls mit 14.400 Kbit-Modems auf die Reise in die recht überschaubare Welt des Internets. Doch für aufmerksame Beobachter ist das Potenzial des neuen Mediums schon jetzt zu erkennen. Wolfgang Hünnekens ist einer dieser aufmerksamen Beobachter. Gemeinsam spazieren wir im Herbst 97 um den Berliner Schlachtensee, sinnieren über den Medienhype um den Unfalltod von Lady Di und die Massen vor den TV-Geräten. Auf über eine Milliarde Menschen schätzt man vorsichtig die Zuschauerzahlen bei der Übertragung der Trauerfeierlichkeiten in London. Wenn die nun alle eines Tages einen Computer mit

Internetanschluss hätten – was für ein riesiges Potenzial für die Wirtschaft es doch wäre. Aber wäre diese Wirtschaft nicht überfordert, gäbe es denn überhaupt die richtigen Fachleute, um die Herausforderungen zu meistern – nicht nur die technischen, sondern auch die im Marketing? Haben zu diesem Zeitpunkt doch Werbeagenturen nur weitgehend Printprodukte für das Internet adaptiert. Den erheblichen Potenzialen der Interaktion in der Kommunikation und der Werbung wird kaum Beachtung geschenkt. Hier muss eine Ausbildung, ein Studiengang her, und zwar mit einem renommierten Universitätspartner. Dieser Gedanke lässt uns nicht mehr los, wird erst zur Idee und dann zum Plan. Wir schreiben die Idee auf, diskutieren sie mit potenziellen Partnern und Geldgebern. Wir entwickeln gemeinsam Inhalte und Struktur der Einrichtung. Im Frühjahr 1999 ist es dann soweit: Aus der Idee gründen wir gemeinsam das IEB, das Institute of Electronic Business, das erste An-Institut der Universität der Künste in Berlin mit Wolfgang Hünnekens als erstem Vorstandsvorsitzenden. Wenn er sich etwas vorgenommen hat, wenn er von einer Idee überzeugt ist, dann setzt er sie mit bewunderungswürdiger Energie mit um. Wobei es nicht heißen soll, dass ihm die guten Ideen und Geistesblitze nur so zufliegen. Ganz im Gegenteil: Er steht Neuerungen durchaus kritisch gegenüber. Sozialen Netzen, Social Media gab er noch vor fünf Jahren wenig Zukunftschancen. Doch schnell hat er die Zeichen der Zeit richtig gedeutet, das Potenzial erkannt. Der Autor Wolfgang Hünnekens ist es, der den Unterschied und der dieses Buch ausmacht. Sein Blick für das Neue, sein Verständnis für Kommunikation und nicht zuletzt seine lockere rheinische Art, kurzweilig Sachverhalte darzustellen, machen dieses Buch lesenswert. Doch urteilen Sie selbst.

Berlin im Juli 2009

Prof. Dr. Dr. Thomas Schildhauer

Social Media-Marketing – eine Einführung

Schön, dass Sie da sind! Ich hatte schon befürchtet, dass Sie zu spät oder gar nicht kommen.

Sie haben in letzter Zeit immer öfter davon gelesen oder gehört, dass Unternehmen erfolgreiche „Social Media"-Kampagnen umsetzen. Da ja ständig eine „neue Sau durch das Internet-Dorf getrieben" wird, haben Sie anfangs nicht weiter darauf geachtet. Seit im *Spiegel* jedoch Blogbeiträge referenziert werden, CNN YouTube-Filme in die Berichterstattung einspielt und die *Tagesschau* Informationen von Twitter weitergibt, sind sicher auch Sie sensibler für das Thema geworden. Und plötzlich haben Sie das Gefühl, dass um Sie herum nur noch Web 2.0 existiert.

Und Sie möchten auf keinen Fall, dass Ihr Unternehmen den Anschluss verpasst oder die Konkurrenz die phantastischen Möglichkeiten der Social Media alleine und ausschließlich zu ihrem Vorteil nutzt. (Vielleicht haben die ja auch noch gar nichts davon mitbekommen ...)

Nachdem Sie auch noch von Ihren Support-Mitarbeitern gehört haben, dass inzwischen sogar Kunden nach der Twitter-Adresse Ihres Unternehmens fragen, haben Sie nach einigen schlaflosen Nächten entschieden, dass jetzt das Social Media-Zeitalter auch für Sie, für Ihr Unternehmen beginnen soll. Zu dieser Entscheidung, ein „Ich-Sender" zu werden, möchte ich Ihnen von ganzem Herzen gratulieren. Damit steuern Sie auf den vorderen Teil eines Zuges zu, der in den nächsten Jahren extrem schnell Fahrt aufnehmen wird. Übrigens rollt er bereits.

Nachdem Sie die Entscheidung getroffen haben, für Ihre künftigen Social Media-Aktivitäten ein Budget zu schaffen, bleibt lediglich die Frage „Wie wird man jetzt ein Ich-Sender?". Zum einen haben Sie als erfolgreicher Manager oder Unternehmer schon jetzt im Tagesgeschäft so viel um die Ohren, dass Sie überhaupt nicht wissen, wo Sie anfangen und wie Sie das noch zusätzlich schaffen sollen. Zum anderen ist das Thema für Sie neu, so dass Sie sich erst einmal mit den Grundlagen beschäftigen müssen, um zu wissen, worum es genau geht.

Ihr erster Gedanke ist vielleicht, dass Sie einen Termin mit Ihrer Werbeagentur machen, damit diese sich darum kümmert. Vorsicht, das kann unter Umständen bereits der Anfang vom Ende sein, noch bevor Sie überhaupt begonnen haben. Meiner Erfahrung nach gibt es viele, auch große Agenturen, die meinen, dass Social Media-Marketing bedeutet, Werbebanner und Pop-ups in Foren und auf Blogs zu schalten, aber kein echter „Ich-Sender" zu werden.

Ich möchte Ihnen nicht per se abraten, eine Agentur in Ihre Aktivitäten einzubinden, schließlich bin ich CEO einer der größten und erfolgreichsten Agenturen in diesem Land. Daher weiß ich, dass es auch Agenturen gibt, die nicht nur die entsprechende Social Media-Kompetenzen haben, sondern sich sogar darauf spezialisiert haben. Halt, bevor es weitergeht noch eine kleine Anmerkung in eigener Sache: Bitte denken Sie nun nicht, dass wir als Mitglied eines großen Networks auch nur Werbung mit großen Budgets beherrschen. Zu unseren Kunden gehören auch typische mittelständische Unternehmen, wo man mit knappem Geld gut haushalten muss. Gerade hier sind Social Media besonders gut einzusetzen. Ich möchte Sie deshalb ermutigen, sich selber erst einmal in das Thema „Ich-Sender" hineinzudenken, zu belesen und so viel wie möglich darüber zu lernen. Im Gegensatz zur klassischen Werbung hängt beim Social Media-Marketing nämlich sehr viel von Ihnen persönlich ab. Mit Hilfe der Social Media werden Sie selbst zu einem Sender, einem „Ich-Sender". SIE sind der Dreh- und Angelpunkt dieser Kommunikation. SIE müssen tätig werden. SIE übernehmen die Redaktion, die Moderation und die Administration und können als einzelne Person mehr Menschen erreichen als manche Zeitung oder TV-Sender – doch dazu kommen wir später.

Mit diesem Buch habe ich zwei Ziele. Zum einen möchte ich Ihnen einen pragmatischen Begleiter ins Social Web an die Hand geben, mit dem Sie eine Grundlage schaffen können, den Weg zum „Ich-Sender" selber zu gehen. Zum anderen werden Sie nach der Lektüre dieses Buches so viel über Social Media-Marketing wissen, dass Sie Ihrer Agentur die richtigen Fragen stellen und den Prozess jederzeit überwachen können. Welchen Weg Sie letztendlich einschlagen, ob Sie als „Ich-Sender" selber im Web 2.0 aktiv werden oder sich Unterstützung durch eine geeignete Agentur holen, entscheiden Sie alleine.

Eines kann ich Ihnen aber garantieren: Wenn Sie Ihr eigenes Wissen aufbauen, einen soliden Plan entwerfen und diesen anschließend Stück für Stück selber umsetzen, werden Sie einen direkteren Draht zu Ihren Kunden und ein größeres Wissen um die Bedürfnisse Ihrer Zielgruppe haben als jemals zuvor.

Klar, auch zu einem Social Media-Marketingplan gehören Ziele. Sie müssen sich also genau überlegen, was Sie durch Ihre Aktivitäten erreichen wollen. Schließlich werden Sie einiges Geld und viel Zeit investieren. Von Ihren Zielen hängt es später ab, auf welchen Feldern des sozialen Webs Sie aktiv werden, an wen Sie sich wenden und welche Art von Informationen für die jeweilige Zielgruppe relevant ist.

Ihre Ziele könnten zum Beispiel darin bestehen:

- Sie möchten Ihr Unternehmen oder Ihre Marke bekannter machen.
  → Steigerung der Zugriffszahlen auf die Website.

- Sie möchten, dass Ihr Unternehmen oder Ihre Marke positiver wahrgenommen wird.
  → Kommentare in Blogs, Tweets und Foren-Artikeln.

- Sie möchten mehr Interaktion Ihrer Zielgruppe mit Ihrem Unternehmen oder Ihrer Marke.
  → Erhöhung der Newsletter-Anmeldungen.
  → Download von Produktinformationen oder -videos.

- Sie möchten die Kundenbindung intensivieren und eine größere Loyalität schaffen.
  → Anzahl der „Kontakte", „Friends", „Fans" und „Follower" bei LinkedIn, Facebook, Twitter & Co.

- Sie möchten die Verkaufszahlen steigern.
  → Vertriebsaktionen in den Social Media.

Das sind natürlich nur Beispiele, die veranschaulichen sollen, in welche Richtung die Reise gehen kann. Wichtig ist, dass Sie Ihre Ziele quantifizieren, also in absoluten oder relativen Zahlen ausdrücken und somit messbar machen. Natürlich wissen Sie jetzt vielleicht noch nicht, wie viele Follower Sie bei Twitter erreichen möchten, wenn Sie noch gar keinen Twitter-Account haben. Ich verspreche Ihnen: Spätestens, wenn Sie dieses Buch bis zum Ende gelesen und die enthaltenen Tipps umgesetzt haben, können Sie bei Ihrer Planung präzise vorgehen.

Als nächstes müssen Sie den Status quo Ihrer Marke (und damit meine ich alternativ auch immer Ihr Produkt oder Ihr Unternehmen) im Social Web herausfinden. Wo wollen Sie beginnen, wenn Sie nicht wissen, wo Ihre Marke steht? Existieren Sie im Web 2.0 überhaupt? Wird über Sie gesprochen? Und wenn ja, was? Die Instrumente dafür finden Sie in diesem Buch.

Wollen Sie bestehende Communitys nutzen oder möchten Sie als „Ich-Sender" Ihr „eigenes" Netz im Netz aufbauen? Vielleicht ist auch ein Mix aus beidem sinnvoll. Es hängt unter anderem davon ab, wo die Mitglieder Ihrer Zielgruppe zu finden sind und was sie suchen.

Außerdem ist es essentiell, Ihre Social Media-Marketingstrategie mit der Ihres klassischen Marketings abzugleichen. Hier ist Konsistenz im Auftreten gefragt, alles andere führt zu Verwirrung und damit zu Verlusten.

Gehen Sie gedanklich ruhig neue Wege. Schreiben Sie auch die verrücktesten Ideen auf, die Sie haben. Sobald Sie mehr über das Social Web wissen, fallen Ihnen solch „spinnerte" Sachen vielleicht nicht mehr ein.

Laden Sie kreative Leute zum Brainstorming ein. Das können Mitarbeiter aus Ihrem Unternehmen (ganz egal aus welcher Abteilung!) sein, von denen Sie wissen, dass sie sich mit diesen Dingen beschäftigen; das kann auch der 15-jährige Sohn Ihres Nachbarn sein, der den ganzen Abend am Computer sitzt und seinen zweiten Wohnsitz bei StudiVZ, Facebook und Twitter hat. Er gehört übrigens zur Kategorie der „Digital Natives", also jenen Menschen, die bereits im Internetzeitalter geboren wurden. Er könnte Ihnen entscheidende Impulse geben, nehmen Sie also ernst, was er erzählt. Es sollten auch Führungskräfte mit dabei sein, um von Anfang an in die Ideenfindung eingebunden zu werden. Es liegt später in der Verantwortung dieser Menschen, Ihre Mitarbeiter für das Thema Social Media und „Ich-Sender" zu begeistern. Also sollten sie möglichst viel wissen und somit später nicht aus Unwissenheit schweigen.

Stecken Sie Ihre Mitarbeiter mit Ihrer Begeisterung an!
Vorher stelle ich Sie aber noch auf eine Probe.
Füllen Sie den folgenden Fragebogen bitte gewissenhaft und ehrlich aus. Sie können dabei nicht verlieren, dafür aber einiges an Erkenntnis hinzugewinnen.

	Ja	Nein
1. Sind Sie bereit, einen Teil Ihrer Zeit in Social Networking zu investieren?		
2. Verfolgen Sie die Sozialen Medien mit Leidenschaft, und können Sie Ihr Wissen und Ihre Energie an Ihr Team und die Öffentlichkeit weitergeben?		
3. Können Sie die Verantwortung für den Erfolg des Social Media-Plans Ihres Unternehmens übernehmen?		
4. Können Sie Informationen einholen über die Unternehmenskultur, die Marketingpläne und die Geschäftsstrategie des Unternehmens?		
5. Können Sie klar umrissene Networking-Ziele definieren?		
6. Können Sie in Ihrem Unternehmen die Kräfte mobilisieren, die Sie für die Umsetzung des Social Networking-Plans benötigen?		
7. Sind Sie in der Lage, eine Social Media-Strategie mit klaren und messbaren Zielen zu formulieren?		

... fertig ...

	Ja	Nein
8. Können Sie täglich mit Blogs arbeiten? Das bedeutet: gezielt und schnell Beiträge schreiben, einstellen, verbreiten und gegebenenfalls durch Moderatoren freigeben lassen.		
9. Können Sie Online Tools oder firmeneigene Software Tools für die Kontrolle der Social Media-Kennzahlen Ihres Unternehmens identifizieren?		

... fertig ...		
	Ja	**Nein**
10. Können Sie die Online-Inhalte Ihres Unternehmens auf den wichtigsten Social Media-Sites überwachen und aktualisieren?		
11. Können Sie diese Daten zusammenfassen und sie zur Bewertung der Zielerreichung einsetzen?		
12. Haben Sie einen Abschluss im Bereich Public Relations oder Marketing oder vergleichbare Erfahrung?		
13. Können Sie sich mündlich und schriftlich hervorragend ausdrücken?		
14. Haben Sie schon einmal erfolgreich eine Online Community gegründet oder waren daran beteiligt?		
15. Haben Sie bereits mit Websites gearbeitet?		
16. Sind Sie versiert in der Suchmaschinenoptimierung?		
17. Haben Sie Führungsqualitäten?		
18. Sind Sie ausdauernd genug, um Ihr Unternehmen geduldig und mit fester Hand für längere Zeit durch das Social Media-Labyrinth zu führen?		
19. Kennen Sie die derzeit verfügbaren Social Media-Tools, und können Sie Ihre Strategie so ausrichten, dass diese Tools optimal einbezogen werden?		
20. Wissen Sie, welche Tools in Ihrer Zielgruppe am wichtigsten sind?		
21. Sind Sie routiniert im Umgang mit StudiVZ, Facebook, LinkedIn, Twitter und YouTube?		

	Ja	Nein
22. Können Sie den Einsatz von Social Networking Tools in Ihrem Unternehmen überwachen?		
23. Können Sie Ihrem Team Social Media Best Practices vermitteln?		
24. Halten Sie sich ständig über die verfügbaren Social Media-Tools auf dem Laufenden?		
25. Können Sie Spielregeln für den Umgang mit Social Media definieren?		
26. Gibt es Vorgaben für einheitliche Werbebotschaften und für den Schutz Ihrer Marke, die von Ihren Mitarbeitern bei der Arbeit mit Social Communitys beachtet werden?		
27. Haben Sie Kontakte zu professionellen, branchenkundigen Bloggern?		
28. Haben Sie einen Plan für die Entwicklung noch speziellerer Videos, Anwendungen, Fotos und anderer digitaler Multimedia-Inhalte?		
29. Sind Sie kreativ, und können Sie interaktive, faszinierende und interessante Ideen entwickeln, die sich rasch verbreiten?		

Test Ergebnis:

25 Fragen mit „Ja" beantwortet: Sie sind bereits ein „Ich-Sender" und können loslegen!

24 oder weniger Fragen mit „Ja" beantwortet: Lesen Sie dieses Buch konzentriert durch, probieren Sie die Ratschläge aus und wiederholen Sie ganz am Schluss diesen Test.

Immer noch dasselbe Ergebnis? Holen Sie einen Experten ins Team oder suchen Sie sich eine geeignete Agentur.

1.
„Houston ...!"
oder Max hat ein Problem

● ● ● ● ● ● ● ● ● ● ● ● ● ● ● ● ●

Berlin, Donnerstagabend vor ein paar Wochen. Es war kurz vor sieben und ich stand auf dem Heimweg von der Agentur im Stau, weil die Straßen rund um das Brandenburger Tor und das Schloss Bellevue auf meinem Weg von der Agentur nach Hause mal wieder wegen eines Staatsbesuches gesperrt waren.

Wenn ich ehrlich bin, genieße ich das auch ab und zu. Das gibt mir Zeit, Abstand vom Agenturalltag, von den vielen Meetings und Terminen zu gewinnen, wenn ich nach Hause fahre. Bis eben an diesem Donnerstagabend um kurz vor sieben mein Telefon klingelte.

„Max[1] ruft an", verkündete mir das Display, während Louis Armstrongs „What A Wonderful World" durchs Auto schallt.

Max ist ein alter Schulfreund von mir, inzwischen Marketingchef eines Automobilherstellers in Deutschland. Ich summte „… the colors oft the rainbow, so pretty in the sky …" mit meinem iPhone um die Wette. Max ist regelmäßig in Berlin und dann treffen wir uns oft zum morgendlichen Lauf um den Schlachtensee. Der Unterschied zwischen uns ist nur, dass ich leidenschaftlich gerne laufe und Max zwangsläufig. Er ist – wie ich – leicht übergewichtig und hat vor einigen Jahren von seinem Arzt die gelbe Karte bekommen. Seither quält er sich damit, sich gesund zu ernähren, nicht mehr zu rauchen und mit mir eben auch um den Schlachtensee zu laufen.

„Annehmen!", sang ich die Sprachsteuerung im Schlussakkord nach „… wonderful woooorld …" an. Nichts passierte. „Annehmen!!!", rief ich in Richtung Mikrofon – Satchmo sang weiter.

---

[1] Um die persönlichen Gefühle meines Freundes nicht zu verletzen und um außerdem nicht die Interna von Kunden in die Öffentlichkeit zu tragen – jedenfalls ich nicht – ist mein Freund eine weitgehend fiktive Figur. Aber Freunde wie Max habe ich viele und manch einer von ihnen wird sich vielleicht auch erkennen. Denn eventuelle Ähnlichkeiten mit lebenden Personen oder aktuellen Problemen sind ganz und gar nicht zufällig.

Also nestelte ich das iPhone aus meiner Tasche und holte Max zu mir ans Ohr.

„Wolfgang, ich brauche Deine Hilfe!", schnaufte Max, als wenn ich ihn auf den letzten drei Kilometern beim Marathon begleiten sollte. „Ich komme gerade aus einem Meeting und habe die Quartalszahlen bekommen. Wir müssen da was zusammen auf die Beine stellen!! Echt, mir brennt der Kittel!"

‚Wir müssen da was zusammen auf die Beine stellen!' klang auf jeden Fall anders als sonst. Fast ein bisschen aufgeregt ...

„Du hast mir neulich doch was über das Web 2.0, Social Media und Ich-Sender erzählt. Hier mit Blogs, Twitter, Communitys und so. Ich muss da echt dringend was unternehmen. Können wir uns darüber noch mal unterhalten?"

„Klar, können wir, das Essen und der Wein bei Giovanni gehen auf Dich, mein Freund ..."

Max ist mein Freund.

Er ist Rheinländer wie ich, ist aber im Gegensatz zu mir der alten Heimat treu geblieben, während ich vor 30 Jahren nach Berlin gekommen bin. Wir haben zu Schulzeiten und auch danach einiges zusammen erlebt. Und anschließend so getan, als ob wir jede Menge Geheimnisse zusammen hätten. Das hat immer Spaß gemacht und so was verbindet.

Obwohl wir in ähnlichen Bereichen arbeiten, trennen uns in manchen Dingen Welten. Max geht immer auf Nummer sicher. Auch im Job.

Marketing ist für ihn das 3K-Prinzip: konservativ, klassisch, kostenscheu. Nur erprobte Modelle sind gute Modelle.

Vielleicht sind wir deswegen auch schon so lange befreundet. Gegensätze sollen sich ja anziehen.

Dann bin ich also der Gegensatz? Ach so, Sie kennen mich ja noch nicht.

Ich bin Wolfgang Hünnekens, glücklich verheiratet, zwei Töchter und Geschäftsführender Gesellschafter der Kommunikations-Agentur Publicis Berlin. Außerdem Gründer und Ideengeber des Institute of Electronic Business (IEB), des ersten An-Instituts der Universität der Künste (UdK) hier in Berlin. Wir sind ein Teil des internationalen Publicis Networks mit Sitz in Paris und betreuen Kunden wie easyJet, Berliner Sparkasse, Nuon Energie und viele andere mehr.

Die meisten unserer Kunden beauftragen uns mit ganzheitlicher Kommunikation, um damit ihre Kunden und potenziellen Neukunden, aber auch die Medien zu erreichen.

Sie vertrauen uns. Und das können sie auch.

Außerdem interessiere ich mich schon eine ganze Weile für Social Media. Im Gegensatz zu meinem Freund Max. Anscheinend bis eben.

Vielleicht ist Ihnen der Begriff Social Media auch noch nicht so vertraut.

Aber zumindest haben Sie ihn schon mal gehört und deswegen dieses Buch gekauft. Wegen der vielen Gerüchte, die Sie über diese „Social Media"-Sache schon gehört haben. Von Bekannten, Kollegen oder Freunden Ihrer Kinder. Und jetzt wollen Sie mal schauen, ob es an der Zeit ist, das auch in Ihrem Unternehmen auszuprobieren?

Oder Sie sind bei den Social Media schon ganz weit vorne mit dabei. Und Sie hoffen entweder, dass Sie in diesem Buch etwas Neues finden oder wenigstens etwas, das gut genug ist, um es an Ihre neugierigen Kollegen aus der Branche weiterzuleiten? Vielleicht mit einem persönlichen Kommentar wie: „Sieh Dir das mal an ... Wir sollten über einige der Möglichkeiten sprechen!"

Ja, Max, mein Freund, es wäre vielleicht wirklich eine gute Idee, die Möglichkeiten von Social Media für Dein Unternehmen zu nutzen.

Und ja, Social Media-Crack, Sie könnten hier durchaus einige Leckerbissen finden, und Sie können dieses Buch auf jeden Fall weitergeben. Ich werde versuchen, Sie nicht zu enttäuschen.

Zunächst möchte ich Ihnen einige grundlegende Social Media-Konzepte vorstellen, und zwar auf eine strategische und pragmatische Weise, so dass Sie gleich loslegen können, ein Ich-Sender zu werden. Und das alles auf unter 200 Seiten. (Sie überfliegen Social Media-Marketing-Bücher ohnehin nur, stimmt's? Deshalb konzentriere ich mich nur auf die Highlights – versprochen!)

Nicht nur die Situation von Max, seine Beweggründe und unsere vielen Gespräche zu dem Thema haben mich dazu bewegt, dieses Buch zu schreiben, sondern vor allem auch die Diskussionen mit meiner Frau, die diesem Thema grundsätzlich negativ gegenüber eingestellt ist, haben mich inspiriert, noch tiefer das Thema zu beleuchten. Ich bin meiner Frau dankbar für Ihre Einstellung zu Web 2.0 und Social Media, da sie es dadurch geschafft hat, einen Gegenpol zu meiner Begeisterung zu schaffen, und ich so in der Lage war, meine Meinung zu relativieren und auch auf die Gefahren hinzuweisen. Social Media wird uns aber in den nächsten Jahren weiterhin begleiten, weil es der Anfang der Veränderung unseres dann öffentlichen

Kommunikationsverhaltens ist, und wenn Max Social Media für sein Unternehmen erfolgreich einsetzen konnte, können Sie das auch.

Legen wir also los!

1.1 Der brennende Kittel

In unserem ersten Gespräch berichtete Max von seiner aktuellen Situation.

Die Verkaufszahlen für ein neues Modell der oberen Mittelklasse waren katastrophal. Trotz aufwändig produzierter (und ganz witzig gemachter, das musste ich zugeben, obwohl wir sie nicht kreiert haben) TV-Spots, riesigen Anzeigenkampagnen und laufenden Händleraktionen kam viel zu wenig Rücklauf. Ach ja, eine neue Website für das Modell gab es auch (leider auch nicht von uns, das hatte die Konzernmutter entschieden). Ich fand sie furchtbar, aber Max fand sie sensationell. (Für das viele Geld hätte sie das auch sein können ...)

Das Auto schien sich gerade zu einem kapitalen Flop zu entwickeln, weil selbst die treuesten Kunden es hässlich fanden. Tja, vielleicht hätte man sie vorher mal fragen sollen ...

„Was hast Du denn bis jetzt konkret unternommen?", wollte ich von Max wissen. Schließlich war er der Marketingchef des deutschen Ablegers der internationalen Gesellschaft.

Er zählte eine Handvoll Messen auf, diverse Großkundenveranstaltungen, Pressemitteilungen, zig Interviews und Tests mit Automagazinen, Print- und Online-Kampagnen und schließlich eine dreitägige Händlereinführung in Andalusien, die so viel gekostet hat wie ein satter Lottogewinn.

„Und was ist mit denen, die das Ding kaufen sollen? Euren Kunden?"

Für die gäbe es ja den Fernsehspot, die Anzeigen und die tolle Website. Auf der kann man sich das komplette Auto übrigens in 3-D konfigurieren, innen und außen, berichtete Max stolz. Aber anscheinend will sich keiner das Ding konfigurieren. Und schon gar nicht dreidimensional ... Schade eigentlich!!!

1.2 Zeit für die Wahrheit

So, Max. Es wird Zeit für die Wahrheit. Die kalte und harte.

Klassische Marketingmaßnahmen sind immer letztendlich nur so gut wie das Produkt, das sie verkaufen sollen. Denn dann ist bereits alles vorbei.

Kein Spot, keine Anzeige und keine Website kann das Auto attraktiver machen.

Das hätte vielleicht vorher passieren sollen. Und mit einem Auto, das keiner haben will, kann sich auch niemand identifizieren.

Was hat Max also bis zur Vorstellung des neuen Modells unternommen:
Wie gesagt, das Übliche halt. Klar, muss man machen, gehört zum Kommunikations-Mix dazu. Und das Fundament sollte man auch beim Hausbau nicht einfach vergessen. Denn dann steht das Haus nicht so gut.

Was gehört dazu? Richtig: Printwerbung. Die klassische Oneway-Kommunikation. Da es ja noch Menschen geben soll, die daheim das eine oder andere lesen, erreicht man doch eine ganze Menge Menschen bei der Zeitungs- oder Zeitschriftenlektüre in den eigenen vier Wänden. Und ist die Anzeige gut, vielleicht sogar witzig gemacht, dann erinnern sich manche auch noch daran. Schaden kann es also nichts. Weiter!

Outdoor-Werbung. Damit meint der gemeine Werber Plakate, Citylights oder sonstige Werbeformate bis hin zu den gewaltigen Blow-ups, die die Gerüste der Baustellen in den guten städtischen Lagen verzieren. Auch gut, denn sowie man sein Heim verlässt, hat man sie stets im Blick, da sie kaum zu übersehen sind. Vielleicht brennen sie sich auch ins Bewusstsein ein, wenn der Absender des Plakates genau zu erkennen ist – aber das ist eine andere (Medien)-Geschichte.

Fernsehen wird zwar bei den Nachgeborenen immer uninteressanter, aber bei unserer Generation könnte man damit noch punkten. Zumindest weiß man, wann man auf's Klo gehen kann. Auch TV-Werbung ist naturgemäß keine Form des Dialogs mit den Kunden.

Jede Maßnahme war auf den Vertrieb des Produktes orientiert und Max nannte alle Maßnahmen vertriebsorientierte Markenkommunikation.

Max hat natürlich auch Onlinewerbung geschaltet. Meist diese lustigen Pop-ups und Banner, die den Menschen zu Hause oder im Büro so viel „Freude" bereiten, dass sie durch kleine Programme unterdrückt werden. Aber wir wollen fair bleiben: Ja, das Internet ist schon der richtige Weg, um mit dem Kunden ins Gespräch zu kommen. Und seien wir mal ehrlich: Ohne Internet kein Social Media, nicht wahr? Nicht zuletzt kommt man natürlich an der eigenen Website nicht vorbei. Max auch nicht.

Als alter Hase hat Max verstärkt auf Public Relations gesetzt. Seine Öffentlichkeitsarbeiter haben den Kontakt zu Journalisten gesucht, Advertorials geschrieben und zu Presse-Testfahrten eingeladen. Aber davon haben Sie ja sicher schon gelesen ...

26

„Und wann durften die Kunden endlich mitmachen ...?"
Schweigen. Eben!

1.3 Neu: Mitmachen ist Marketing

Vielleicht hätten die künftigen Käufer ein ganz anderes Auto haben wollen?

Vielleicht hätten sie auch einen etwas anderen Hersteller haben wollen?

Aber wahrscheinlich hätten sie trotzdem IHR Auto lieber von IHREM Hersteller haben wollen – wie die drei anderen davor! Bestimmt.

Mal angenommen, Sie wären ein Kunde. Das sind Sie natürlich. Ständig.

Wenn Sie nun feststellen würden, dass ein Unternehmen, das für seine kaum navigierbare Website und/oder seine miserable telefonische Kundenbetreuung bekannt war, sich plötzlich Ihnen gegenüber aktiv, hilfsbereit, ja geradezu menschlich und nah verhält, wären Sie dann beeindruckt? Würden Sie mehr von der Marke halten, wenn Sie merken, dass man auf Sie zugeht, sich für Sie interessiert und Ihnen zuhört? Natürlich würden Sie das!

Allerdings war ein „menschliches" Verhalten gegenüber den Kunden bis vor einiger Zeit, naja, vielleicht nicht unmöglich, so doch wenigstens nicht lukrativ.

Überlegen Sie doch mal wie es war, als Sie nach Ihrem letzten Umzug einen neuen Telefonanschluss bestellt haben. Was für ein Graus, sich erst einmal für den richtigen Anbieter zu entscheiden. Nach tagelanger Recherche haben Sie dann die Bestellung bei einem ausgelöst. Online, versteht sich.

Nachdem Sie nach einer Woche immer noch keine Bestätigung im E-Mail-Postfach oder im Briefkasten hatten, haben Sie dort angerufen. Über eine teure 01805-Nummer, auch klar.

Wer hat Sie am anderen Ende begrüßt? Natürlich das Sprachmenü. Sie haben sich die Optionen und die dazugehörenden Zahlen nach dem dritten Mal Anhören auf einen Zettel geschrieben, wieder aufgelegt, überlegt, unter welchem Tastencode Sie wohl richtig sein werden und erneut angerufen. Für „Neukunden" haben Sie die 3 gedrückt. Und sind (natürlich) an der falschen Stelle gelandet. Wenn Sie bereits einen Anschluss bestellt haben, sind Sie ja schon Kunde. Klar.

Dann müssen Sie die 7 drücken! Gesagt, getan. Ihre Kundennummer und Ihr Kennwort? Hä? Haben Sie noch nicht? Dann müssen Sie in der Vertragsabteilung anrufen. Und so weiter ...

Erinnern Sie sich jetzt? Mir ist das Ganze gerade erst bei der Bestellung und Lieferung des Entertain-Pakets der Telekom passiert und ehrlich gesagt, es funktioniert immer noch nicht. Vor dem Social Media-Zeitalter stand „Menschlichsein" bei vielen Unternehmen nicht besonders hoch im Kurs.

Wenn eine große Firma herausragende Dienstleistungen anbot, haben die zufriedenen Kunden das wohlwollend zur Kenntnis genommen. Aber es war unwahrscheinlich, dass sie viel darüber reden würden.

Und die unzufriedenen Kunden? Die haben angerufen, Briefe oder Faxe geschickt – und auf eine Antwort gewartet. Wenn diese spät oder nicht kam oder nicht zufriedenstellend ausfiel, haben die unzufriedenen Kunden mit ihren Bekannten oder Kollegen darüber gesprochen. Und sich einen anderen Anbieter gesucht, wenn das möglich war.

Mit dem Internet kam die Interaktion. Plötzlich konnte man seinem Ärger auch öffentlich Luft machen. Das Internet wimmelt förmlich von Foren, in denen sich unzufriedene Kunden über (in ihren Augen) unfähige Anbieter auslassen.

Unzufriedene Kunden verschaffen sich laut Gehör und reden über das, was ihnen vermeintlich widerfahren ist. Und in der Online-Welt ist es plötzlich sichtbar und bemerkbar, ob ein Unternehmen auf seine Kunden eingeht. Sogar für Nicht-Kunden (auch bekannt als potenzielle Kunden).

Diese potenziellen Kunden recherchieren auf der Suche nach einem bestimmten Anbieter im Internet und stoßen beim „Googeln" auf Foren, in denen sich enttäuschte Kunden bitter über eben diesen Anbieter maßlos beschweren. Auf einmal hat der „Eben-noch-Wunsch-Anbieter" ein ganz schlechtes Karma. Und die Wahl fällt auf einen anderen, über den sich nicht so viele Kunden öffentlich beschweren oder aufregen. Oder der vielleicht sogar gelobt wird.

Auch als Profi im Social Media-Umfeld ist man vor digitalen Fettnäpfchen nicht gefeit. Vor einigen Tagen erzählte mir unser Creative Director, dass er von der Werbeleiterin eines Kundenunternehmens angesprochen wurde. Einer unserer Mitarbeiter hatte während einer Online-Weiterbildung getwittert und sich darüber ausgelassen, dass die Veranstaltung ziemlich langweilig sei. Das lag wahrscheinlich daran, dass er schon lange im Thema ist und es dabei für ihn wenig Neues und Überraschendes zu erfahren gab. Dummerweise war aber auch unser Kunde inzwischen sehr aktiv im Sozialen Netz ...

1.4 Gutes Image durch gute Dienstleistung

Der Ansatz „Gutes Image durch gute Dienstleistung" wird für Unternehmen also lohnenswerter und lukrativer.
Bin ich gut zu meinen Kunden, sind meine Kunden gut zu mir. Und bringen mir neue Kunden. (Oder halten zumindest keine potenziellen Kunden davon ab, welche zu werden.)

Das Gleiche gilt im Marketing. Beim Social Media-Marketing geht es letztlich darum, eine von gutem Karma bestimmte Umgebung zu schaffen. Das ist eine noch nie dagewesene Gelegenheit für Sie, der Öffentlichkeit Ihre gute Kundenbetreuung zu präsentieren.

Wie viel kostet ein Kunde, der keiner wird? Und wie viel kostet dagegen ein „echter" Mensch am Telefon Ihres Unternehmens an Stelle eines komplizierten Sprachmenüs? Sehen Sie?

Was können Sie für Menschen tun, die Ihre Marke schätzen, sie schrecklich finden oder ihr gerade zum ersten Mal begegnen? Das ist eine wichtige Frage. In der Online-Welt steht Ihre Marke im Rampenlicht.

Was Sie tun, wie Sie interagieren und wie Sie reagieren (ganz zu schweigen von dem, was Sie nicht tun) wird beobachtet, kritisiert – und bei Google verewigt! Wenn Frank Eliason (auch bekannt als @ComcastCares bei Twitter) einen Kunden berät, dann tut er das in einem sehr öffentlichen Forum: Mit seiner Geduld und Beharrlichkeit hat er einflussreiche Fans auf der ganzen Welt gewonnen. Wenn allerdings ein Amateur filmt, wie Ratten durch ein Fast-Food-Restaurant rennen, dann werden die Probleme dieses einen Franchise-Partners zu einem Phänomen, das den weltweiten Ruf der ganzen Fast-Food-Kette beschädigt.

Aber haben Unternehmen das bereits „kapiert"? Ist das für sie schon relevant?

Nachdem Max mir von seiner Situation berichtet hatte, ließ mir diese Frage keine Ruhe mehr. Ich wollte herausfinden, wie es die Unternehmen damit halten. Würde eine Situation, in der der direkte Kontakt zu den Kunden ganz offensichtlich von Vorteil für die Marke ist, bereits erkannt und auch genutzt? Also entschloss ich mich, das mit einer Stichprobe bei einem Automobilhersteller zu testen ...

> **Fazit**
>
> Beim Social Media-Marketing geht es letztlich um gutes Image ... In der Online-Welt steht Ihre Marke im Rampenlicht. Was Sie tun, wie Sie interagieren und wie Sie reagieren (ganz zu schweigen von dem, was Sie nicht tun) wird beobachtet, kritisiert – und bei Google verewigt!

1.5 Der Test

Für meine Untersuchung habe ich mir, obwohl ich gar kein großer Autofan bin, die Automarke BMW ausgesucht. Ich habe übrigens gerade in der Zeitung gelesen (die lese ich wirklich noch), dass BMW seit 80 Jahren Autos verkauft. Die Marke kennt jeder. Wollen viele. Haben einige. Und so bin ich vorgegangen ...

Wo beginnt jede Recherche? Richtig, bei Google! (Vielleicht demnächst auch bei Microsofts neuem Suchdienst Bing.)

Zum Zeitpunkt meiner Forschung ergab die Suche mit dem Stichwort „BMW" als Suchergebnis Nr. 8: AutoBlog.

Genauer: „Einträge aus der Kategorie BMW bei AutoBlog". (Machen Sie sich bitte mal klar, wie überraschend es ist, dass in den ersten zehn Google-Suchergebnissen für eine große Marke ein Blog auftaucht. Das passiert immer häufiger.)

Nur, lohnt es sich, AutoBlog (abgesehen von seinem absolut beeindruckenden Ranking bei der Google-Suche) Beachtung zu schenken? Die Platzierung einer Website lässt sich, wie wir wissen, auch durch Suchmaschinenoptimierung (SEO) nach oben treiben. Schauen wir mal bei Technorati nach, einer der „größten Echtzeit-Internet-Suchmaschinen speziell für Weblogs" [Zitat: Wikipedia].

Ergebnis: „Es gibt 285.004 Links zu dieser URL (Rang 56)". Bitte?! Bei über 120 Millionen Blogs ist AutoBlog an Stelle 56? Leider gut! – das ist das Größte Lob des einheimischen und zugereisten Berliners.

Der aktuellste Eintrag bei AutoBlog in der Kategorie „BMW" bezog sich damals auf einen sogenannten „spy shot" (hierzulande besser bekannt als Erlkönig) vom BMW 1er Coupé. Es gab bereits 20 Kommentare zu dem Artikel und einige Trackbacks (Informationen über eingehende Links oder Verweise von anderen Webseiten).

Sicher, das ist nicht unbedingt ein Feuerwerk von Kundeninteraktion. Es zeigt jedoch deutlich, dass eine Interaktion von und mit Menschen stattfindet. Ganz zu schweigen von der Zahl an Seitenaufrufen und (unsichtbaren) Lesern, die zwar keinen Kommentar hinterlassen, das Geschehen jedoch verfolgen und zur Meinungsbildung nutzen.

Auch bei weiteren BMW-Artikeln auf AutoBlog konnte ich eine signifikante und konstante Benutzerinteraktion feststellen. Es gibt also ganz eindeutig eine aktive Community, die sich (in diesem Fall) auf der BMW-Seite von AutoBlog trifft, auch wenn die Anzahl der User auf den ersten Blick nicht allzu groß zu sein scheint. Aus dem hervorragenden Google-Placement und Rang bei Technorati können wir schließen, dass jeder bei einer Web-Suche nach „BMW" sehr schnell auf diese Seite trifft.

Und genau das wäre für das Marketing von BMW die Mutter aller Gelegenheiten! Ich habe einige der Einträge und Kommentare gelesen, aber mir ist niemand vom Unternehmen BMW aufgefallen, der sich in die Community eingebracht hätte.

Wie cool wäre das für die Fans der Marke, wenn sie sich regelmäßig und unmittelbar mit einem echten BMW-Mitarbeiter austauschen könnten? Wie dankbar wären regelmäßige AutoBlog-Besucher, wenn sie gelegentlich ein paar exklusive Informationen abgreifen und diese dann mit ihren Freunden austauschen könnten?

Würde das nicht nur die Loyalität der derzeitigen Kunden und Fans stärken, sondern auch tausenden von zufälligen Besuchern dieses oft aufgerufenen Blogs zeigen, dass BMW sich tatsächlich für seine Kunden und potenziellen Käufer interessiert??

Natürlich ist es für jede Firma – selbst für ein großes Unternehmen wie BMW – eine Herausforderung, eine Gruppe von Mitarbeitern als „Community Manager" abzustellen, sie zu schulen und ihre Aktivitäten zu überwachen, um sie dann der Marketing-Abteilung zur Seite zu stellen. Außerdem gebe ich zu, dass meine Vorgehensweise natürlich nicht wissenschaftlich war. Soviel ich gehört habe, engagiert sich BMW „wie verrückt" in anderen Bereichen der Blogosphäre ...

„I cannot afford not to spend my time in this!", sagte vor Kurzem der CEO eines großen US-amerikanischen IT-Unternehmens zu der Frage, ob er nicht Besseres zu tun hätte, als Blogartikel zu kommentieren, Tweets zu posten etc.

Das „Versagen" von BMW in diesem Experiment liegt darin, dass eine Möglichkeit nicht wahrgenommen wurde, die so leicht zu identifizieren ist. Eine Möglichkeit, sich konsequent an einer Stelle einzubringen, die so offensichtlich eine spürbare und vor allem messbare Auswirkung auf die Wahrnehmung der Marke hat.

Wenn Sie dem nicht Beachtung schenken, was bei den Top 10 Suchergebnissen über Ihre Marke gesagt wird, wie können Sie dann von sich behaupten, Sie würden „sich engagieren"?

Google ist zurzeit in Deutschland die neue Homepage einer jeden Marke.

Das kann einen unschätzbaren Nutzen für wirklich engagierte Unternehmen und Marken bringen, allerdings genauso schnell auch einen Verlust. Einen Verlust an gutem Karma durch schlechte Nachrichten, die sich in Windeseile verbreiten und bei Google einnisten.

Fragen Sie nur mal Spirit Airlines: Was ist das Suchergebnis Nr. 4 (!!!), während ich das hier schreibe? Ein Blog-Eintrag, der da sagt: „Fliegen Sie nicht Spirit Airlines". Dort schreibt ein Kunde der Fluggesellschaft, mit dem das Unternehmen derart unprofessionell umgegangen ist, dass es zu allerhand Ärger geführt hat. Darüber weiß nun jeder Bescheid, der bei Google nach Spirit Airlines sucht.

Wenn Sie sich jetzt auch noch anzeigen lassen, wie viele Seiten auf den verärgerten Fluggast verweisen oder über den Fall berichten, finden Sie alleine 14 Stellen, von denen ein Trackback zu dem Blogbeitrag führt.

Mitmachen ist Marketing

Je besser die Mitwirkung – in Bezug auf den Ton, den Nutzwert, die Reaktionsschnelligkeit und die Frequenz – desto besser das Marketing. Überlegen Sie genau, was die Kunden hören wollen und was sie brauchen – und nicht, was sie Ihrer

Meinung nach hören sollen. (Und auf gar keinen Fall, was sie kaufen sollen. Social Media ist nicht das richtige Forum für einen Sales Pitch. Wenn Sie am Aufbau der Loyalität zu der Persönlichkeit Ihrer Marke arbeiten, dann folgt der Verkauf Ihres Angebots wie von selbst.)

Fazit

Heutzutage geschieht die erste Interaktion eines potenziellen Kunden im Suchfeld der Suchmaschinen. Vor allem Google ist da für Deutschland relevant, aber auch Bing, die neue Suchmaschine von Microsoft, wird sich ihren Weg bahnen.

Wenn Sie dem nicht Beachtung schenken, was bei den Top 10 Suchergebnissen über Ihre Marke gesagt wird, wie können Sie dann von sich behaupten, Sie würden „sich einbringen"?

Google ist die neue Homepage einer jeden Marke.

2.
Ihr Auftritt auf der Social Media-Bühne

Die wichtigste Regel für den Anfang lautet: Zuhören!
Die neue Limousine der oberen Mittelklasse von Max' Unternehmen droht ein Flop zu werden, berichtete er. Das sei ihm vollkommen unverständlich, stecken doch eine ganze Reihe innovativer Entwicklungen in dem Wagen, die andere Automobilhersteller noch nicht anbieten. Es wurde ein grundlegend neu entwickelter Motor in die Angebotspalette aufgenommen, der Innenraum wurde komplett neu gestaltet, der Karosserie eine modernere Form verpasst und die Typenschilder jünger und frischer gestaltet.

Die Gesamt-Entwicklungskosten durfte Max mir nicht genau verraten, sie lagen aber wohl bei knapp 2 Milliarden Euro! Dass ein Flop dieses Modells ein Desaster für den Konzern darstellen würde, liegt auf der Hand.

Warum wollen die Leute den Wagen nicht kaufen?
Weil er ihnen nicht gefällt. Vielleicht mögen sie den neuen Innenraum nicht, vielleicht ist ihnen die Karosserie zu modern, vielleicht sind ihnen die jugendlichen Typenschilder ein Dorn im Auge. Wer weiß ...

Sobald ein Produkt erst einmal auf dem Markt ist, ist es hoffnungslos dem Markt ausgeliefert. Der Markt, also die Käufer, entscheidet darüber, ob das Produkt erfolgreich wird oder nicht. Außerdem entscheiden die Käufer mit ihrer Nachfrage über den Preis und damit über den Wert der Marke. Das scheinen viele Manager zu vergessen, wenn sie ihr Unternehmen, ihre Marke und ihr Produkt als geschlossenes System ansehen. Natürlich ist es einfacher, ein geschlossenes System zu managen und zu kontrollieren. Leider sind Marken keine geschlossenen Systeme, meine Herren!

Ihre Marke gehört ALLEN oder besser dem Markt! Und der bestimmt deren Wert.

Hätte Max (stellvertretend für sein Unternehmen) bereits zu Beginn der Entwicklung nachgefragt und zugehört, wäre die sich anbahnende Katastrophe mit hoher Wahrscheinlichkeit ausgeblieben.

Es wäre ein Auto entstanden, das zwar immer noch innovativ gewesen wäre, aber viel mehr den Bedürfnissen und Wünschen der Käufer entsprochen hätte.

Ich möchte mir aber nicht selber vorgreifen. Das Thema Crowd-sourcing besprechen wir später noch.

BMW hat vor einigen Jahren mit einem neuen 7er-Modell das sogenannte iDrive als Steuerinstrument für das integrierte Infotainment-System entwickelt. Mit einem einzigen runden Knopf auf der Mittelkonsole ließ sich nahezu die gesamte Bordelektronik steuern.

Radio, Navigation, Klimatisierung, Fahrwerk und so weiter. Das iDrive war mit sämtlichen technischen Raffinessen ausgestattet, die sich ein Entwicklungsingenieur nur vorstellen kann.

Leider konnte es kaum ein BMW-Käufer auf Anhieb bedienen, da es viel zu kompliziert war. So wurde aus einer hochtechnologischen Meisterleistung ein kaum benutzbarer, runder Knopf. Viele verärgerte 7er-Kunden wünschten sich wieder die guten alten Drehregler am Radio herbei, Schalter für die Klimaanlage und Ähnliches. Ich selber bin ab und zu in der Verlegenheit, einen Mietwagen zu buchen. Nachdem ich zweimal einen BMW mit iDrive erhalten hatte, habe ich mich danach bei der Mietwagenfirma stets gewehrt, wenn sie mir wieder ein solches Fahrzeug angeboten haben. Ich kam einfach nicht klar.

Ist das ein Schritt in die Vergangenheit? Nein. Man hätte nur die Menschen in den Mittelpunkt der Entwicklung rücken müssen und nicht die Technik.

Man hätte den bestehenden Kunden Fragen stellen sollen, wie sie sich ein solches System wünschen und wie sie sich die Bedienung vorstellen. Und man hätte zuhören sollen. Genau zuhören.

Okay, aber wem zuhören und wo?
Social Media bedeutet „Kommunikation teilen". Plätze, an denen Kommunikation geteilt wird, gibt es im Internet an jeder Ecke, denn immer mehr Menschen werden zum „Ich-Sender". Immer mehr Menschen wollen nicht nur konsumieren, sondern teilhaben, mitreden. Und das Internet macht's möglich. Im AutoBlog zum Beispiel.

Eine eingefleischte Community von markentreuen und loyalen Kunden und Fans. Denen „ihre" Marke so viel bedeutet, dass sie sich damit über das reine Fahren hinaus identifizieren. Sie teilen Erfahrungen im Netz, gute und schlechte.

An dieser Stelle (und zig anderen, ebenso leicht findbaren) wäre es für einen Hersteller problemlos möglich, zunächst einmal nur zuzuhören und nachzufragen. Erkenntnisgewinn: groß. Kosten: niedrig.

Fazit
Die Nachfrage bestimmt den Preis und der Markt bewertet die Marke.
Social Media bedeutet „Kommunikation teilen" und das wollen immer mehr „Ich-Sender – also Menschen, die nicht nur passiv konsumieren, sondern aktiv mitreden wollen.

2.1 Beispiel 1: Internet als Forum

Bleiben wir beim Thema Automobile.
Ein Bekannter von mir fährt einen Jeep Commander. Er ist ein ganz normaler, gebildeter Mensch mit einer Vorliebe für diese Marke und für dieses, nennen wir es mal ‚außergewöhnliche' und nicht allzu häufige Modell. Nun trifft man nicht jedes Mal beim Tanken auf einen Modell-Kollegen, mit dem man ein paar Sätze über die elektrisch öffnende Heckklappe fachsimpeln kann, während der halbe Inhalt der Zapfsäule in den Tank läuft. Und bei jeder kleinen Frage oder Unwissenheit den freundlichen Jeep-Händler aufsuchen, ist auch nicht das Gelbe vom Ei. Dafür gibt es das Jeep-Forum.

Das Jeep-Forum (wie die meisten speziellen Foren auch) ist nach Modellreihen sortiert, so dass die jeweiligen Besitzer auf Anhieb im richtigen Informationsumfeld sind.

In der „Grand Cherokee/Commander ab Baujahr 2005"-Abteilung diskutieren Besitzer von 50 bis 60.000 Euro-Fahrzeugen darüber, über welchen Umweg ein iPod angeschlossen werden kann, wie die Fernbedienungsfunktionen im Schlüssel programmiert werden, wie der Innenspiegel ausgebaut werden kann oder wie der im Fahrzeug in amerikanischen Werten angegebene Reifendruck in europäische Größenordnungen übersetzt wird.

Kommt man auch gemeinsam nicht zu einer zufriedenstellenden Antwort oder Lösung, wächst der Unmut.

Schaut wenigstens ab und zu mal jemand von Jeep/Chrysler in das Forum mit den Millionenwerten an Fahrzeugen, diskutiert mit oder sorgt mit Informationen aus erster Hand für Lösungen? Fehlanzeige!

Ein Kunde, der mit seinem Problem oder seinem Mitteilungs-bedürfnis alleine gelassen wird, wechselt eher zu einer anderen Marke als einer, der sich gut aufgehoben und unterstützt fühlt!

Durch das Zuhören/Lesen in Foren können Unternehmen mehr über ihre Produkte im Einsatz erfahren, als jedes Research-Unternehmen liefern könnte. Und das zu einem Bruchteil der Kosten!

1. Lesen Sie und hören Sie eine ganze Weile zu.
2. Beteiligen Sie sich an Diskussionen. Zurückhaltend, informativ und nutzbringend (für Ihre Kunden).
3. Verkaufen Sie nicht. Niemals! Dann sind Sie schneller aus dem Rennen, als Ihnen lieb ist.
4. Fragen Sie. Nach Innovationswünschen, nach positiven Erfahrungen, aber auch nach negativen. Sorgen Sie mit Reaktionsschnelle und Nutzwert dafür, dass eine negative Anmerkung zu Ihrem Produkt nicht zu einer Revolution führt. Denken Sie immer daran, dass auch potenzielle Kunden in diesen Foren recherchieren, um Erfahrungsberichte zu sammeln!

Es gibt kein Forum und keine Erfahrungsberichte für Ihr Produkt? Dann gibt es Ihr Produkt nicht. Zumindest in den Köpfen und Herzen Ihrer Zielgruppe.

Einige Unternehmen gründen auch eigene Foren im Internet. Nur sind diese dann wegen ihrer vermeintlichen „Befangenheit" häufig nicht besonders gut frequentiert.

Unternehmen, die glauben, dass das, was in der „Online-Welt" gesagt wird, habe nichts mit der „realen Welt" zu tun, unterliegen einem folgenschweren Irrtum!

2.2 Beispiel 2: Newsletter

Newsletter sind das klassische Medium der Push-Generation. Sogenannte „Push"-Dienste sind seit Ende der 90er-Jahre bei Unternehmen sehr beliebt, um Kunden und Interessenten mit Informationen und natürlich mit Werbung zu versorgen. Sie kommen ohne Aufforderung ins Haus im Gegensatz zu Pull-Diensten, die angefordert werden müssen. Klar, eine einmalige Genehmigung zum Versenden von Newslettern an den Kunden sollten Sie schon haben – sonst kann das unangenehme juristische Folgen haben.

Neben verschiedenen Diensten, die (oft bevor es zum Launch kam) schnell wieder in der Versenkung verschwunden sind, haben sich E-Mail-Newsletter oder Mailinglisten etabliert.

Mit hoher Wahrscheinlichkeit haben auch Sie den einen oder anderen Newsletter abonniert, um über Neuheiten, aktuelle Informationen oder besondere Angebote auf dem Laufenden zu bleiben, oder?

Nahezu bei jedem Online-Bestellvorgang ist ein Kontrollkästchen zum Abonnieren des entsprechenden Newsletters im Bestellformular enthalten. Bei einigen Anbietern sind diese bereits angehakt, so dass man bei flüchtigem Ausfüllen des Formulars übersieht, den Haken zu entfernen. Und schwupps bekommt man regelmäßig oder unregelmäßig mehr oder weniger interessante Neuigkeiten und Super-Sonder-Spezialangebote in sein E-Mail-Postfach. Gerne ist in den jeweiligen AGB, die man zwar auch durch ein Kontrollkästchen bestätigt, aber natürlich nicht Wort für Wort gelesen hat, ein Passus enthalten, dass man neben dem Erhalt des Newsletters auch damit einverstanden ist, in erweiterte Datenbanken zum Versand von Werbebotschaften per E-Mail aufgenommen zu werden. Herzlich willkommen in der E-Mail-Sturmflut!

Seriöse Unternehmen machen so etwas nicht. Diese versenden auch nicht mehrmals pro Woche irrelevante Werbung an ihre Kunden, da das die Abmelderate vom eigentlichen Newsletter drastisch erhöht.

Einen E-Mail-Newsletter anzubieten, bedeutet relativ wenig Aufwand. Der Erfolg kann hingegen recht groß sein, wenn Sie sich bei jeder Ausgabe fragen: „Welchen Nutzen hat der Empfänger davon?"

Am Erfolg versprechendsten sind Newsletter, die einen großen redaktionellen Anteil haben und in denen Werbung, wenn überhaupt, nur sehr dosiert enthalten ist. Je größer der Informationsgehalt (oder Unterhaltungsgehalt, je nach Zielstellung) und damit der Nutzen für den Empfänger ist, desto mehr Zeit wird dieser darin investieren, den Newsletter zu lesen.

Außerdem schafft ein guter Newsletter (inhaltlich wie optisch) ein positives Image für Ihr Unternehmen.

Aber Achtung – es gibt vor allem in Deutschland eindeutige Regeln, welche Daten zur Anmeldung für einen Newsletter abgefragt werden dürfen!

So ist im Anmeldeformular nur die E-Mail-Adresse als Pflichtfeld zu markieren, nicht etwa der Name oder die Postanschrift des Abonnenten. Je weniger Daten verpflichtend oder optional angegeben werden müssen, umso höher ist die Bereitschaft, einen Newsletter zu bestellen.

Wichtig ist natürlich, dass in jeder Ausgabe eines Newsletters immer eine Möglichkeit angegeben ist, diesen auch wieder abzubestellen.

Genauso bedeutsam ist auch der Zeitpunkt, zu dem der Newsletter versandt wird.

Hier hat sich gezeigt, dass am Sonntagnachmittag gegen 15:30 Uhr die meisten E-Mail-Newsletter geöffnet und gelesen werden (Studie: Newsmarketing GmbH, 2009).

Zu diesem Zeitpunkt werden auch die höchsten Klickraten auf darin enthaltene Links erreicht. Der ungünstigste Zeitpunkt ist Donnerstagmorgen.

Falls der Newsletter während der Woche versandt werden soll, bieten sich dafür die Nachmittagsstunden, ab ca. 13:00 Uhr an.

Personalisierte Newsletter, in denen der Empfänger mit seinem Namen angesprochen wird (Marke: „Sehr geehrter Herr XY") und in denen der Name auch im laufenden Text einige Male zur Anrede verwandt wird, haben eine mehr als doppelt so hohe Klickrate wie unpersonalisierte Newsletter.

Mit einer optimierten Betreffzeile lässt sich die Performance eines Newsletters um bis zu 60 Prozent (!) steigern.

Wenn der Empfänger bereits in der Betreffzeile namentlich genannt und sein Wohnort angegeben wird, öffnen nahezu doppelt so viele Abonnenten den Newsletter, als wenn die Betreffzeile unpersonalisiert bleibt. Insbesondere, wenn diese provokant formuliert ist.

Allerdings bergen provokante Betreffzeilen gleichsam ein hohes Abmelderisiko.

Sorgfalt und Vorsicht sind also beim Newsletter-Marketing geboten.

Durch das extrem gestiegene E-Mail-Aufkommen werden immer weniger persönliche E-Mails, wie zum Beispiel Newsletter, während der Arbeitszeit gelesen. Sie sollten also, wenn Sie Endkunden erreichen möchten, sich nach der zur Verfügung stehenden Zeit Ihrer Zielgruppe richten. Diese ist eben am Wochenende oder am Nachmittag höher als am Vormittag während der Woche.

Fazit

Personalisierung und eine gute inhaltliche Gestaltung eines E-Mail-Newsletters kosten Zeit und Mühe. Der nachhaltige Erfolg sollte Ihnen diese Mühe jedoch wert sein!

2.3 Beispiel 3: Blogs, Weblogs

„Blog, Blog, Blog ..." Ständig wirft jemand dieses Wort in die Runde. Und fühlt sich auch noch wichtig dabei. Nachzufragen traut sich aber niemand. Wäre ja nicht 2.0 ...

Schlagen wir mal (heimlich) bei Wikipedia nach (das ist 2.0 – und wie ...):

> *Ein Blog oder auch Weblog, Wortkreuzung aus engl. World Wide Web und Log für Logbuch, ist ein auf einer Website geführtes und damit – meist öffentlich – einsehbares Tagebuch oder Journal. Häufig ist ein Blog „endlos", das heißt eine lange, abwärts chronologisch sortierte Liste von Einträgen, die in bestimmten Abständen umbrochen wird.*

Dass Mitmachen Marketing ist, haben wir ja bereits geklärt. Sie haben sich dazu entschlossen, die Ärmel hochzukrempeln und digital mit anzupacken? Wunderbar.

Daran, dass vor dem Reden das Zuhören steht, erinnern Sie sich auch noch? Klasse.

Sie haben geraume Zeit im Web verbracht, sich durch Foren gelesen, vielleicht auch schon den einen oder anderen kleinen Beitrag darin hinterlassen? Perfekt.

Dann kann es jetzt ja richtig losgehen!

„Unternehmen, oder exakter: Unternehmer und/oder deren Manager können, ja müssen heute (micro-)bloggen, wollen sie nicht allein Gegenstand, sondern auch Teilnehmer der Konversation sein, die inzwischen wesentlich zum Erfolg oder Misserfolg jeder Unternehmung am global vernetzten Markt beiträgt.“ (Ossi Urchs, Internet-Guru)

Halt. Kurze Denkpause!
Im Social Media-Zeitalter hat jeder was zu sagen, wird zum „Ich-Sender". Ob er etwas zu berichten hat oder nicht. Das kann gut oder schlecht für die Marke sein... Denn für Freunde und Feinde einer Marke ist es jetzt gleichermaßen einfach, online die Meinung zu sagen. In beiden Fällen hat die Marke keine Wahl: Ob der Brand Manager, der CEO oder sonst jemand aus dem Unternehmen der Marke sich an der Diskussion beteiligt, hat keinen Einfluss darauf, ob es eine Diskussion gibt oder nicht. Die Threads in Foren, Blogbeiträge oder Twittermeldungen wird es geben. So oder so.

Clevere Unternehmen entscheiden meist, dass es besser ist, sich zu beteiligen.

Einige dieser Unternehmen „brezeln" sich für die Diskussion auf. Statt sich den Kunden in unauffälliger, wertorientierter Weise zu nähern, sagt ihnen ihre alt hergebrachte Marketing-Geisteshaltung, dass sie schnell Aufmerksamkeit und Rendite erzielen müssen. Deshalb werfen sie sich mit einer auffälligen Strategie in die Schlacht. Vielleicht mit einer Social Networking-Seite der Marke, mit einer etwas schrillen Seite bei Facebook oder MySpace oder mit einem Schwarm frisch gepuderter Community Manager. Oder mit einem eigenen Blog zur Marke.

49

Das Problem bei diesem Ansatz ist, dass er nach sofortiger Beachtung schreit.

Jeder, der schon einmal beobachtet hat, wie ein Wichtigtuer in eine Party platzt, der weiß, dass einige Leute das „Alpha-tierchen" anziehend finden, dass aber viele andere Leute sich genervt abwenden.

Online sind diese Reaktionen (positiv und negativ) sofort sichtbar. Ein paar Leute werden Ihrem großen, lauten Social Media-Debüt applaudieren. Aber andere werden nörgeln: „Das wurde aber auch Zeit" ... „Warum so aufgetakelt?" ... „Was glaubt ihr eigentlich, wer ihr seid?" ... „Wer hat die besch*** (Achtung: die Wortwahl in Blogs ist nicht immer stubenrein) Marketer reingelassen?" usw.

Sind Sie bereit für diese Art ungefilterter Kritik? Wären Sie enttäuscht, wenn Sie feststellen müssten, dass alle Ihre guten Absichten total untergehen in einer Flut von Kommentaren über Ihre missratenen, pur eigennützigen Social Media-Stra-tegien?

Damit will ich nicht sagen, dass Marken ihren Eintritt in die Social Media-Sphäre vertagen sollen. Überhaupt nicht. Mo-mentan sind viele große Unternehmen mit der Recherche und der Entwicklung von Social Media-Kampagnen beschäftigt. Ich finde ihren Enthusiasmus toll.

Aber – machen Sie langsam. Um es noch einmal zu wiederho-len: Hören Sie erst einmal zu. Und dann hören Sie noch mal zu. Nutzen Sie kostenlose Tools wie BlogPulse, Google Alerts, ThunderThimble etc., um herauszufinden, wer über Ihre Marke (und über ähnliche Themen der Branche) spricht. Sie werden vielleicht feststellen, dass der vor sechs Monaten entwickelte Plan völlig überholt ist, weil sich alles so verdammt schnell bewegt.

Finden Sie heraus, wo Sie Ihre möglichen Freunde und Skeptiker finden... Finden Sie heraus, wie sich ihre Meinungen und ihr Tonfall in den vergangenen paar Monaten verändert haben... Interessieren Sie sich für das, was gesagt wird, wenn Sie (augenscheinlich) nicht in der Nähe sind.

Überlegen Sie sich, wie Sie für die Leser Ihres Blogs zusätzlichen Wert schaffen können, ohne sofort damit Rendite machen zu wollen. Es mag einem Marketer sehr zuwider sein, diese Überlegungen außer Acht zu lassen, aber es ist Gift für Ihre Pläne, wenn die breite Masse merkt, dass es Ihnen in Wirklichkeit nur um den Gewinn geht.

Es geht nicht darum, Eindruck zu machen. Und es geht auch nicht um eine „eindrucksvolle" Anzahl von Seitenaufrufen oder Kommentaren. Es geht darum, Freunde zu gewinnen. Freunde, die Ihnen die Wahrheit sagen. Freunde, die vielleicht eines Tages Ihr Produkt kaufen und dann wiederum ihren Freunden davon erzählen. Freunde, die Ihnen in schwierigen Zeiten vielleicht den Rücken stärken. Echte Freunde eben.

Jetzt geht es los.

Sie wollen einen Blog? Sie bekommen einen

Entweder packen Sie selbst an oder Sie beauftragen Ihre Agentur damit. Allerdings halte ich es für gut, möglichst viel eigenes Engagement zu zeigen, dann schaffen Sie eine umso engere Verbindung zu „Ihrem" Blog.

Außerdem stelle ich immer wieder fest, dass Social Media-Marketing für viele Agenturen immer noch bedeutet, Bannerwerbung in Foren und Communitys zu schalten. Dabei zeigen Auswertungen und Statistiken en masse, dass die Klickraten auf Bannerwerbung immer weniger werden und als Folge davon auch weniger Nutzen bringen. Es gibt allerdings Branchen

(Flugreisen), wo diese Banner noch hervorragende Ergebnisse erzielen. – Aber trotzdem: Banner haben nun wirklich nichts mit Social Media-Marketing zu tun …

Machen Sie es selbst!
Oder zumindest im eigenen Unternehmen. Suchen Sie sich Mitarbeiter, die privat im Social Web aktiv sind oder fragen Sie nach Bekannten, die sich damit auskennen. (Kleiner Tipp: Es werden zumeist die jüngeren Mitarbeiter sein. Bei mir im Unternehmen war der erste, den ich entdeckte, noch keine zwanzig Jahre alt.) Laden Sie diese Leute zu einem gemeinsamen (moderierten) Brainstorming ein. Sie werden staunen, wie viel Know-how in Ihrer unmittelbaren Umgebung vorhanden ist.

Und womit starten Sie in die unendlichen Weiten der Blogosphäre? Natürlich wird jeder Web-Zwo-Nuller sein favorisiertes System empfehlen. Wäre ja auch schlimm, wenn es anders wäre. Das weltweit am weitesten verbreitete System ist Wordpress. Und kostenlos ist es obendrein. Alles, was Sie jetzt noch brauchen, ist eine einprägsame Domain und ein Webspace-Account mit einer MySQL-Datenbank. Keine Angst, die sind in der Regel vorkonfiguriert und lassen sich easy über das Benutzerinterface Ihres Webspace-Accounts einrichten. Das klingt jetzt komplizierter als es ist – nur Mut.

Wie Sie Wordpress installieren (die berühmte „3-Minuten-Installation"), können Sie bei wordpress-deutschland.org nachlesen und im Bedarfsfall schnell googeln.

Sobald die Installation abgeschlossen ist (wie gesagt, nach ungefähr drei Minuten), können Sie schon losbloggen. Natürlich ist es nicht verkehrt, das äußere Erscheinungsbild Ihres Blogs ein wenig aufzuhübschen und zu individualisieren. Dazu gibt es tausende von (meist kostenlosen) Vorlagen, sogenannte „Themes", die sich per Knopfdruck in Ihren Blog integrieren lassen. Google ist übrigens die Homepage für kostenlose Wordpress-Themes.

Wenn Sie zusätzliche Funktionen hinzufügen möchten, gibt es dafür Plug-ins. Auch meist kostenlos. Damit lassen sich detaillierte Statistiken erstellen, erweiterte Suchfunktionen einrichten, Kontaktformulare erstellen und vieles mehr.

Damit Ihr Blog von den gängigen Suchmaschinen indiziert wird, sollte der Quelltext möglichst suchmaschinenfreundlich sein. Plug-ins wie ‚izioSEO', ‚All in One SEO Pack' (beide kostenfrei) oder das professionelle ‚wpSEO' (kostenpflichtig) nehmen Ihnen dabei die Arbeit weitgehend ab. Die Entwicklung ist rasend schnell. Deshalb kann es hilfreich sein, bei der Suchmaschinenoptimierung auf Profis zurückzugreifen. Ich bin ja schon nah dran, aber was unser SEO-Spezialist für unsere Kunden organisiert, erstaunt mich wirklich oft aufs Neue.

Content is King. Letztendlich kommt es aber auf den Inhalt an. Und für den müssen Sie sorgen!

Je eher, je mehr und je qualifizierter, desto besser. Aber machen Sie von vornherein deutlich, dass Sie „die Marke sind", damit ersparen Sie sich früher oder später enttäuschte oder wütende Kommentare, wenn einer Ihrer Leser Ihre Identität „aufdeckt".

Denken Sie beim Verfassen von Beiträgen immer an deren Nutzen für die Leser. Sorry, wenn ich mich in diesem Punkt ständig wiederhole.

Einige werden Ihren Blog direkt im Webbrowser aufrufen, die Fortgeschrittenen werden ihn als RSS-Feed abonnieren. (Das erkläre ich später noch einmal genauer.)

Die steigende oder sinkende Zahl von Feed-Abonnenten zeigt Ihnen, wie groß der Nutzen tatsächlich ist. Achten Sie also darauf!

Richten Sie unterschiedliche Kategorien für Ihre Beiträge ein. Da Blogbeiträge chronologisch geordnet sind, „verschwinden" die älteren nach und nach aus der Seitenanzeige. Ordnen Sie Ihre Beiträge passenden Kategorien zu, dann lassen sie sich leichter (wieder)finden.

Um passende Bezeichnungen für die Kategorien zu finden, versetzen Sie sich einmal in die Lage Ihrer (potenziellen) Leser. Wonach suchen Sie dann? Oder durchforsten Sie vergleichbare Blogs und Foren nach entsprechendem Input.

Menschen wollen Bilder

Um Ihre Artikel auffälliger und interessanter zu gestalten, sollten Sie zum Inhalt passende Bilder einfügen. Auch das ist mit Wordpress kinderleicht.

Wenn Sie für Ihre Marke oder Ihr Unternehmen bloggen, werden Sie wahrscheinlich Zugriff auf entsprechendes Bildmaterial und Grafiken haben. Gehen Sie bloß nicht los und „besorgen" sich Bilder, die Ihnen gefallen, aus dem Internet. Es gibt mittlerweile Unternehmen, deren Geschäftszweck es ist, geklaute Bilder und damit verbundene Urheberrechtsverletzungen im Internet aufzuspüren und den Anwälten der Rechteinhaber die Verstöße zu dokumentieren. Die Schadenersatzforderungen können dabei schnell in astronomische Größen gehen. Das Gleiche gilt übrigens für Landkarten. Aber das nur am Rande.

Zur Not gibt es professionelle Bilddatenbanken en gros, bei denen Sie für „eine Handvoll Dollar" qualitativ hochwertige Stockfotos (mit den dazugehörenden Rechten) käuflich erwerben können.

Wenn Sie eigene Bilder ausdrücklich zur Weiterverwendung und zur Veröffentlichung freigeben (natürlich mit der Verpflichtung zur Quellenangabe!), ist die Chance groß, dass diese Bilder auch gerne von Ihren Lesern genutzt werden. Sie erhöhen damit also auch die Verbreitungsgeschwindigkeit Ihrer Marke und schaffen gleichzeitig einen zusätzlichen Nutzen für Ihre Leser.

Kommentare

Wissen Sie noch: „Mitmachen ist Marketing!" Kommentare von Besuchern Ihres Blogs bedeuten Mitmachen. Interaktion ist das Beste, was Ihnen als „Ich-Sender" passieren kann. Auch wenn die Kommentare zu einem Artikel einmal negativ ausfallen. Nur durch die Kritik Ihrer Kunden können Sie bislang unbekannte Optimierungsspielräume erkennen. Sie bekommen die Möglichkeit, Dinge zu verbessern oder festgestellte Mängel zu beseitigen.

Seien Sie darüber nicht verärgert. Seien Sie dankbar dafür. Wenn Sie auf Kritik oder eine öffentliche Beschwerde (Ihr Blog bedeutet grenzenlose Öffentlichkeit) eingeschnappt oder ablehnend reagieren, haben Sie diesen Kunden wahrscheinlich für immer verloren.

Löschen Sie einen kritischen Kommentar, damit ihn niemand sieht, können Sie nahezu sicher sein, dass er an anderer Stelle veröffentlicht wird und Ihr Vorgehen an den Pranger gestellt wird. Google sieht alles und Google vergisst nie! Denken Sie nur an das Beispiel von Spirit Airlines. Bitte niemals einen kritischen oder negativen Eintrag löschen, sondern immer nur kommentieren.

Reagieren Sie konstruktiv und transparent auf Kritik, besteht die Chance, diesen Kunden dennoch zu binden. Außerdem zeigt es, dass Sie sich persönlich engagieren und verschafft Ihnen und Ihrer Marke, trotz der möglicherweise berechtigten Kritik, ein positives Image.

Verbreitung

Jetzt haben Sie Ihren Blog über Wochen oder Monate hinweg regelmäßig mit guten und nützlichen Artikeln gefüllt, es haben schon einige Besucher Kommentare hinterlassen und Ihr Blogsystem soll bekannter werden?

Nutzen Sie die klassischen Kommunikationsmedien und verbreiten Sie die URL Ihres Blogs, wo immer es möglich ist. Auf Ihren Visitenkarten, in der E-Mail-Signatur, auf dem Firmen-Briefbogen, auf Flyern, auf der Unternehmenswebsite etc.

Schaffen Sie Anreize im Web. Mein Freund Max verlost zum Beispiel regelmäßig etwas in seinem neuen Blog. Mal ist es ein Bildband, mal ein Regenschirm oder eine Jacke mit dem Firmenlogo, mal ein Auto für ein Wochenende oder länger. Die letzte Verlosung war die exklusive Teilnahme an der allerersten, internen Präsentation der Cabrio-Version seines „Problemfalls".

Voraussetzung für die Teilnahme ist jedes Mal ein Kommentar in einem externen Blog mit einem Backlink auf den Blog von Max. Externe Links wirken sich bekanntermaßen auch positiv auf den „Page Rank" bei Google aus. Durch die attraktiven und auf die Zielgruppe angepassten Preise konnte er die Bekanntheit seines Blogs so innerhalb weniger Monate erheblich steigern.

Der Gewinner der „Sneak Preview" des Cabrios hat übrigens in insgesamt 12 (!) Blogs und Foren ausgiebig und begeistert darüber berichtet und Spyshots (Fotos mit seinem Handy) beigefügt. Die Resonanz war sensationell!

RSS-Feeds

Wenn wir schon mal beim Thema Verbreitung sind, gehören RSS-Feeds dazu. RSS bedeutet Really Simple Syndication, klingt also wirklich einfach. Ist es auch. Denn Wordpress hat bereits alles dafür Nötige an Bord.

RSS speichert zum Beispiel Ihre Blogbeiträge und stellt sie in maschinenlesbarer Form als Dateien bereit. Diese Dateien können nun mit einem sogenannten Feedreader gelesen oder heruntergeladen werden. Ihre Leser können Ihren RSS-Feed mit ihren Feedreadern (Outlook bietet diese Funktion ab der Version 2007 übrigens serienmäßig an) abonnieren.

Das heißt, sobald Sie einen neuen Beitrag in Ihrem Blog veröffentlichen, wird dieser als RSS zur Abholung bereitgestellt. Sie „füttern" also Ihre Leser mit aktuellen Informationen, sobald diese online sind.

Moderne Blog- und Content-Management-Systeme, zum Beispiel WordPres haben RSS bereits „serienmäßig" an Bord und stellen neue Blog-Artikel automatisch als RSS-Feed bereit. Sie brauchen sich dabei um nichts weiter zu kümmern.

Dabei brauchen Sie auf den Einsatz von Multimedia nicht zu verzichten. Enthält Ihr Beitrag Bilder, MP3-Dateien oder Videoclips, können diese – je nach individueller Einstellung – auch im RSS-Reader vollständig oder als Link angezeigt werden.

Apropos Link.
Einige ganz schlaue Blogger stellen ihren RSS-Feed so ein, dass nur die ersten Zeilen als Feed „angefüttert" werden. Um den gesamten Artikel zu lesen, muss man dann auf den Blog gehen. Die Intention dafür ist durchaus nachvollziehbar. Möchten sie doch ihre Leser auf ihre Website bekommen, die mit Werbebannern zusätzliche Einnahmequellen sichern soll.

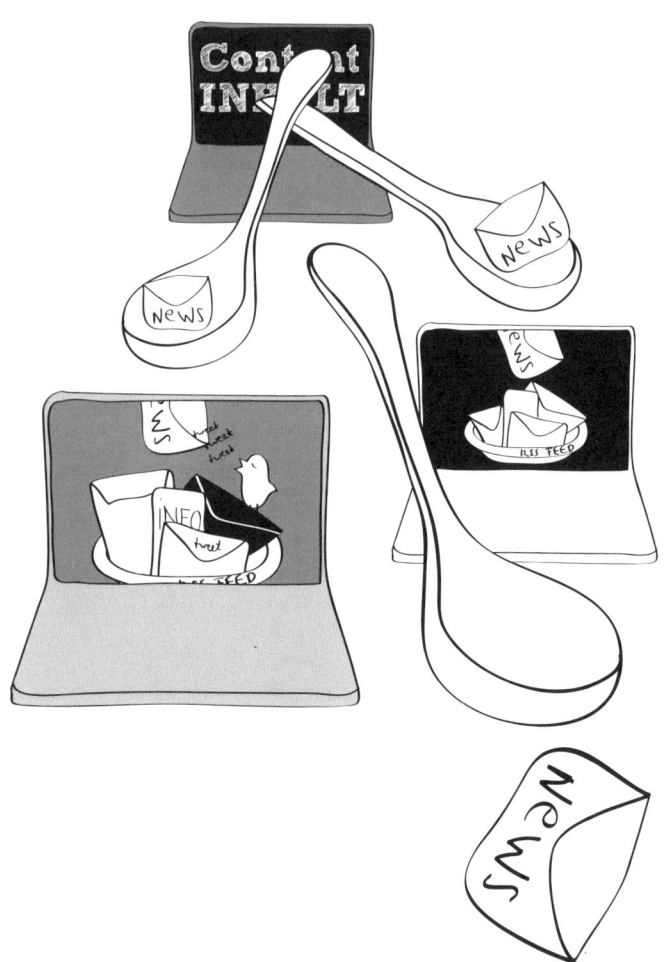

Sehr viele User lesen die abonnierten Feeds aber mobil oder offline und ärgern sich darüber, dass der Artikel nur als Häppchen und nicht vollständig angezeigt wird. Die Folge ist, dass der Feed eher aus Frust abbestellt wird, als dass jemand auf die Website des Blogs kommt.

Schlau? Nein.
Nehmen Sie die Einstellungen für Ihren RSS-Feed so vor, dass der Beitrag im Feed immer komplett angezeigt wird.

2.4 Beispiel 4: Twitter

Meine beiden Töchter sind noch nicht alt genug, um vom Abendbrot-Tisch aufzuspringen, um noch mal schnell die „Tweets" zu checken. Das heißt natürlich nicht, dass sie nicht losstürmen. Das machen sie oft und gern. Sie lesen nur noch keine Tweets. Oder doch? Da muss ich gleich mal meine Frau fragen... Ein Wunder wäre es nicht, denn Twittern ist in aller Munde. Wie, Sie kennen Twitter noch nicht? Das einzige, was Ihnen bei diesem Stichwort einfällt, ist dieses kleine gelbe Vögelchen, das den doofen Kater Sylvester in den Comics immer in die Pfanne haut? Nur was hat Tweety eigentlich mit dem Internet und mit Social Media zu tun?

Dabei sind Sie doch gerade in letzter Zeit immer wieder über den Begriff Twitter gestolpert. Irgend so ein Chat-Ding für Kinder, Demonstranten in fernen Ländern oder hartgesottene Online-Freaks. Auf jeden Fall nichts, womit sich ein erwachsener und intelligenter Mensch beschäftigen sollte ...

Falls Sie bis jetzt so gedacht haben, kommt jetzt die Ernüchterung.

Twitter ist groß. Twitter ist extrem schnell. Und Twitter ist erwachsen.

„Ja, und ...?!", wollen Sie wissen? Sie haben doch ein Handy. Sie bekommen Kurzmitteilungen (SMS) und versenden auch welche. Dann sind Sie schon fast dabei. Twitter ist ein Kurznachrichtendienst, läuft über das Internet und ist somit weltweit erreichbar. Jeder kann sich dazu anmelden und sofort loslegen. Und es ist kostenlos – noch. Einen schnelleren und leichteren Weg, ein „Ich-Sender" zu werden, gibt es nicht.

Der Unterschied zu SMS ist, dass nicht Sie den oder die Empfänger Ihrer Kurznachrichten (bis zu 140 Zeichen) auswählen. Die Empfänger wählen SIE aus. „Folgen" heißt das bei Twitter. Sofern Sie Ihren Twitter-Account nicht ausdrücklich sperren oder beschränken, kann sich jeder für den Empfang Ihrer Kurznachrichten, der Tweets, bei Ihnen eintragen. Sobald Sie nun einen Tweet schreiben und absenden, erscheint er in der Tweetliste Ihrer Follower. Wie das Zwitschern (genau das heißt twittern) der Vögelein im Walde können nun alle Ihre Nachrichten hören und sich daran erfreuen. Schön, nicht wahr?

Je nachdem, wie viele Follower Sie haben, erreichen Sie mit Ihrer Nachricht innerhalb von Sekunden also eine entsprechend große Gruppe von Menschen. Ashton Kutcher, Sie wissen schon der Gatte von Demi Moore, hat bereits als erster weltweit die Million geknackt – Tendenz stark steigend. Und genau das ist der USP von Twitter. Falls Ihnen das Werbe-Denglisch jetzt spanisch vorkommt – USP ist die Unique Selling Proposition und meint das Alleinstellungsmerkmal etwa einer Marke oder eines Produktes.

Können Unternehmen denn twittern?

Nein. Aber Menschen können twittern und damit schnell zu einem echten „Ich-Sender" werden. Zu distanzierten, unnahbaren Unternehmen kann und möchte wahrscheinlich niemand Kontakt haben. Zu Unternehmen, die menschlich sind, schon. Noch gehören twitternde Manager eher zur Ausnahme. Sie zeigen sich ihren Kunden und Interessenten als Mensch. Wie Sie und ich. Das ist sympathisch.

Barack Obama hat während des Wahlkampfs zur US-Präsidentschaft intensiv mit seinen Wählern (und denen, die es werden sollten) kommuniziert. Über seinen Twitter-Account war er immer und überall für jeden erreichbar. Das hat ihn für sehr viele Menschen nahbar und sympathisch gemacht. Barack Obama ist Präsident der Vereinigten Staaten geworden. Sicher nicht nur wegen seiner Aktivitäten bei Twitter, aber auch deswegen.

Inzwischen sind etliche Unternehmen beziehungsweise Menschen aus diesen Unternehmen dieser Idee gefolgt und twittern mit ihren Kunden. Sobald ein Unternehmen (im wahrsten Sinne) menschlich wird, ist es nahbar, ansprechbar und transparent. Natürlich nur dann, wenn auch ein Nutzen für seine Follower entsteht.

Der amerikanische Computerhersteller Dell war einer der Pioniere in diesem Bereich. Seit 2008 ist Dell mit mehreren Accounts bei Twitter aktiv. Neben Beratung und Support steht natürlich auch der Vertrieb seiner Produkte auf dem Plan. Wenn allerdings auch indirekt. Weit über eine halbe Million Follower hat Dell bei Twitter. Über die Twitter-Accounts kommen diese Menschen auf die Unternehmenswebsite und kaufen Dell-Produkte. Innerhalb eines Jahres konnte Dell so einen Umsatz von über drei Millionen Dollar generieren.

Sind Sie immer noch der Meinung, dass Twitter Kinderkram ist?

Twitter wird von Unternehmen aber nicht nur als Vertriebskanal genutzt.

Der US-Kabelnetzbetreiber Comcast betreibt über Twitter einen erheblichen Teil seines Kundendienstes. Kunden wenden sich bei Problemen über Twitter direkt an einen Mitarbeiter, der unmittelbar darauf reagiert, hilft oder sofort einen Servicetechniker losschickt.

Natürlich hat die schnelle Kommunikation über Twitter nicht nur positive Seiten für Unternehmen. Gerade Comcast musste das schmerzhaft erfahren, als einer jener Servicetechniker vom Kunden dabei ertappt wurde, dass er auf dem Sofa des Kunden ein Schläfchen hielt, statt den Internetanschluss in Ordnung zu bringen. Comcast musste mit ansehen, wie sich die (mit einem Handy-Video belegte) Nachricht in Windeseile über Twitter weltweit verbreitete.

Ob Ihr Unternehmen nun in einem solchen Sozialen Netzwerk wie Twitter aktiv ist oder nicht – es wird über Sie gesprochen. Mit Ihnen oder ohne Sie.

Das Beste, was Sie zunächst tun können, ist wenigstens dabei zu sein. Ansprechbar zu sein und sich an einer Diskussion zu beteiligen. Je direkter und persönlicher Sie in die Kommunikation eingebunden sind, umso positiver wird der Effekt für Sie und Ihr Unternehmen sein.

Auch in Deutschland erkennen Unternehmen zunehmend die Notwendigkeit und den Nutzen von Twitter. Allerdings müssen viele Unternehmen (und auch deren Agenturen) erst lernen, mit diesem Medium richtig umzugehen.

„Hau-drauf"-Werbung wird in Sozialen Netzwerken sehr schnell als solche enttarnt und führt eher zu gegenteiligen Effekten für das Unternehmen.

Firmen wie Lufthansa, Vodafone, Volkswagen oder Daimler, aber auch politische Parteien und Wahlkampf-Kandidaten sind dabei, Twitter in ihre Marketing-Strategien einzubinden und als Kanal zu nutzen. Neben speziellen Angeboten, Sonder-Aktionen oder Kundenbefragungen werden Informationen aus den Forschungs- und Entwicklungsabteilungen oder Ad-hoc-Meldungen getwittert. Gelegentlich wird auch über das (beabsichtigte) Ziel hinausgeschossen. Im Eifer des Gefechts twitterten einige Abgeordnete des Deutschen Bundestages das Ergebnis der Wahl des Bundespräsidenten im Mai 2009 rund 15 Minuten, bevor es offiziell im hohen Haus verkündet wurde. Nachdem solche Vorfälle auch in der Fraktion vorgekommen sein sollen, denkt die SPD-Fraktionsspitze über ein Twitterverbot während der Sitzungen nach. Man sieht allein an diesem Gedanken, dass unsere Politiker in Deutschland in der Regel die neuen Kommunikationsformen, speziell die der Communitys, schlicht noch nicht verstanden haben. Schade!!!

Die Freiheit des Mediums wird andererseits deutlich, wenn Menschen selbiger beraubt werden. Nach der Präsidentenwahl im Iran 2009 beispielsweise wurden viele Kommunikationskanäle im Land gekappt und Journalisten erhielten zeitweilig ein Verbot, aus dem Land von den entstehenden Unruhen zu berichten. Das hinderte viele Bürger nicht daran, über ihr Mobiltelefon aktuelle Meldungen und Zustandsberichte zu twittern, so dass die Weltöffentlichkeit über diese „Ich-Sender" trotz Nachrichtensperre mit authentischen Informationen versorgt werden konnte.

Wenn Sie wollen, dass Twitter auch für Sie „funktioniert", müssen Sie sich als „Ich-Sender" allerdings engagieren. Kontinuierlich und persönlich. Sie müssen eine regelrechte Beziehung zu Ihren Followern aufbauen. Sie sollten erst zuhören und dann mitmachen. Geben Sie ihnen das authentische Gefühl, am Prozess beteiligt zu sein, sich einbringen zu können. Das dauert seine Zeit, kostet viel Mühe und manchmal auch Nerven. Wenn Sie es richtig machen, kommt früher oder später aber der ROE, der Return on Engagement!

Damit Ihr Twitter-Account über die Twitter-Community hinaus bekannt wird, sollten Sie jede nur denkbare Möglichkeit nutzen, ihn zu bewerben. Der Getränkehersteller Pepsi hat dazu seine eigene Strategie:

Immerhin sind rund 7.000 Follower dabei.

Also los, fügen Sie Ihre Twitter-URL in Ihre E-Mail-Signatur und in das Briefpapier ein, drucken sie auf Visitenkarten (auf Ihre persönlichen Karten oder eigene Twitter-Karten), integrieren sie in Ihre Werbung und kleben kleine Aufkleber damit auf Ihre Briefumschläge und setzen Sie den blauen Vogel auf Ihre letzte PowerPoint-Folie. Jetzt! Nun sind Sie zumindest ein wenig mit Twitter und seiner Funktionsweise vertraut.

Los geht's

Die starke Verbreitung und das Wachstum von Twitter während der letzten Jahre sind, wie ich finde, absolut faszinierend. Menschen beteiligen sich in Echtzeit an Unterhaltungen über Dinge, die sie interessieren oder die ihnen wichtig sind. Das ist, zwischenmenschlich gesehen, wunderbar und eine Goldgrube für Marketer und Unternehmer, die ihre Reichweite und ihre Zielgruppe erweitern wollen.

Der Fluss und die Geschwindigkeit, in der Informationen verbreitet werden, machen Twitter ebenso aufregend wie einschüchternd zur gleichen Zeit. Besonders für Twitter-Neulinge. Kein Wunder also, wenn Sie sich davon erst einmal überwältigt fühlen.

Allerdings muss es Sie nicht zwangsläufig überfordern. Alles, was Sie brauchen, ist ein System, mit dem Sie entspannt in die Kommunikation einsteigen können.

Wenn Sie also eine nachhaltige Beziehung zu und mit Ihren Kunden aufbauen möchten, helfen Sie ihnen!

Helfen Sie ihnen, Ihr Unternehmen, Ihre Dienstleistung und/ oder Ihre Produkte kennenzulernen und zu verstehen und bauen Sie einen Grad an Vertrautheit und Vertrauen mit ihnen gemeinsam auf, der dazu führt, dass sie immer wieder zu

Ihnen zurückkehren. Ich möchte nichts weiter tun, als Ihnen einen möglichen Weg dahin zu zeigen. Natürlich behaupte ich nicht, dass es der einzige Weg ist. Es ist aber einer, der funktionieren kann.

Das Erste zuerst

Das Erste, was Sie sich merken sollten, ist die Tatsache, dass Twitter der Beginn einer langen und möglicherweise intensiven Kommunikation mit Ihren Kunden und Ihrer Zielgruppe ist.

Natürlich ist es ein schnelles und flüchtiges Kommunikationsmedium; die Kommunikation, die Sie damit aufbauen und pflegen, wird aber wesentlich nachhaltiger und langlebiger sein. Twitter bietet eine Vielzahl an Möglichkeiten, Ihre persönliche Botschaft und die Ihres Unternehmens zu transportieren. Sie sollten die Vorteile, die sich daraus für Sie ergeben, allerdings immer in einer langfristigen Beziehung sehen. Es dauert eine Weile, dafür hält es auch. Wie im „richtigen Leben"…

Es liegt mir wirklich am Herzen, dass Sie es richtig angehen. Nicht zuletzt deswegen, weil Sie im Internet nichts ungeschehen machen können, wovon Sie sich später vielleicht distanzieren wollen.

Steigen Sie also auf keinen Fall mit der Brechstange in diesen Kommunikationsprozess ein, sonden dafür mit einem gerüttelt Maß an Fingerspitzengefühl für den Aufbau und den Sinn einer solchen Beziehung.

Wenn Sie bereit sind, Zeit in die Konversation mit Ihren „Followern" zu investieren, werden Sie mit hoher Wahrscheinlichkeit mit positiven Auswirkungen auf Ihr Business und Ihren Umsatz belohnt werden.

Falls Sie jedoch hauptsächlich über sich und Ihr Unternehmen oder Ihre Marke twittern wollen, befürchte ich, dass die Wirkung größtenteils verpuffen wird. Denken Sie mal über Folgendes nach …

Sie haben doch bestimmt einen Nachbarn. Einen, den Sie ab und zu am Hausbriefkasten treffen oder über den Zaun sehen, wenn Sie morgens in Ihr Auto steigen. Jetzt stellen Sie sich mal vor, wie ätzend es wäre, wenn dieser Kerl jedes Mal, wenn Sie ihn treffen, ankommen würde und versucht, Ihnen eine seiner tollen Versicherungen zu verkaufen.

Es scheint sein Lebensziel zu sein ständig will er Ihnen seine Versicherungen andrehen und kann über nichts anderes reden. Dazu kommt auch noch, dass er nicht der Typ ist, der auch nur die geringste Chance ungenutzt lässt, einen Abschluss zu machen. Sie kommen überhaupt nicht zu Wort und Sie haben ihn auch nie ein einziges Wort über etwas anderes als Versicherungen reden hören.

Wie lange dauert es wohl, bis Sie irgendwie vermeiden, Ihrem Nachbarn über den Weg zu laufen?

Wahrscheinlich nicht sehr lange und Sie beginnen, ihn zu meiden wie der Teufel das Weihwasser. Und nicht nur das; höchstwahrscheinlich werden Sie auch Ihre anderen Nachbarn davor warnen und ihnen empfehlen, sich von diesem Typen fernzuhalten, der will schließlich nur Versicherungen verkaufen.

Also?

Was hat nun ein nerviger Nachbar mit Ihnen, mit Ihrem Business und mit Twitter zu tun? Tja, dieser Nachbar ist nur ein einzelner. In sozialen Netzwerken wie Twitter gibt es davon mehr als Ihnen lieb ist.

Es gibt Unmengen von Typen und Unternehmen, die glauben, das Einzige, worüber sie reden können oder sollten, seien sie selbst. Und falls sie einmal nicht versuchen, Ihnen etwas anzudrehen, erzählen sie Ihnen, wie großartig sie sind.

Ähnlich wie bei dem nervigen Nachbarn werden Sie nicht zu Wort kommen und die „Kommunikation" mit ihnen wird ziemlich schnell ermüdend werden.

Sie wollen weder im richtigen Leben dieser Nachbar sein, noch wollen Sie es bei Twitter sein, oder?

Auch wenn ich kein großer Freund von Regeln im Internet im Allgemeinen und bei Twitter im Speziellen bin, kommt es dem am nächsten, was ich für eine Regel halten würde. Für eine wichtige Regel ...

Seien Sie nicht der Typ Nachbar bei Twitter, mit dem niemand etwas zu tun haben möchte!

Nichts bremst eine Konversation schneller aus als jemand, der denkt, er sei das interessanteste Lebewesen, das man treffen kann. Ihre Kunden oder Interessenten werden nicht nur aufhören, Ihnen zuzuhören beziehungsweise Ihre Nachrichten zu lesen; sie werden sich möglicherweise von Ihrem Unternehmen und Ihren Produkten abwenden. Für immer.

Das ist wahrscheinlich nicht der Eindruck, den Sie hinterlassen möchten, oder?

Es gibt eine deutlich beliebtere Art, sich bei seinen neuen Twitter-Nachbarn vorzustellen und bekannt zu machen und vor allem, mit ihnen eine angenehme und befriedigende Konversation zu führen.

Ich komme gleich zu den drei Schritten dorthin, aber lassen Sie uns zuerst noch einen Blick darauf werfen, was eigentlich Kommunikation bei Twitter bedeutet.

Twitter ist echte Kommunikation in Echtzeit.
In diesem Moment laufen tausende Unterhaltungen zu jedem nur denkbaren Thema.

Schwer vorstellbar, dass tausende Gespräche um Sie herum gleichzeitig ablaufen und dass Sie daran teilnehmen sollen. Sollen Sie auch nicht, keine Angst.

Wir waren alle schon einmal auf einer Party, einem Empfang oder einer großen Veranstaltung mit vielen Teilnehmern. Üblicherweise gibt es dort einen Raum, voll mit Menschen, die sich – aufgeteilt in kleine Gruppen – unterhalten. Je größer die Party ist, desto wahrscheinlicher werden diese kleinen Gruppen und während eine gleichzeitige Unterhaltung zwischen allen Anwesenden ziemlich schnell chaotisch würde, sind die kleinen Gesprächsrunden deutlich angenehmer und nutzbringender für die Beteiligten.

Das ist genau das Prinzip von Twitter. Sie sollten Ihre Kommunikation dort genauso angehen wie auf einer solchen Party. Sie würden doch auch nicht in eine Party platzen und ausschließlich darüber reden, was Sie interessiert, oder? Wahrscheinlich nicht.

Bei Twitter ist es genauso. In einem Tweet ungefragt herauszuposaunen, dass Ihr Unternehmen ein unschlagbares Super-Sonder-Spezialangebot hat, bei dem man unbedingt sofort zuschlagen muss, hat einen ähnlichen Effekt, als wenn Sie auf der Party mit der sensationellen Information in eine politische Diskussion hineingrätschen, dass Sie gerne Mensch-ärgere-Dich-nicht! spielen.

Wahrscheinlich fallen Sie auf, werden aber schneller, als Ihnen lieb ist, ausgeschlossen und bekommen den Stempel – Sie ahnen es schon – „Typ nerviger Nachbar"!

Und welche war die einzige und wichtigste Regel bei Twitter? Richtig: ‚Seien Sie kein nerviger Nachbar!'

2.5 Der 3-Stufen-Plan

Okay, wir wissen also etwas darüber, wie Kommunikation bei Twitter funktioniert und über die Notwendigkeit, als „Ich-Sender" auch in diese einzusteigen.

Wir haben auch ein wenig darüber gesprochen, was Sie bei Twitter nicht tun sollten und wie Sie die Menschen am besten erreichen, mit denen Sie sprechen möchten. Und vor allem die Person zu sein, mit DER ANDERE sprechen wollen. Was kommt als nächstes?

Als nächstes brauchen Sie einen Masterplan für Twitter, wie Sie ins Gespräch kommen und auch darin bleiben. So einfach und so zielführend wie möglich.

Und hier kommt mein 3-Stufen-Plan ins Spiel. Auf den nächsten Seiten stelle ich Ihnen einen extrem einfach nachzuvollziehenden Lösungsansatz vor. Allerdings sage ich Ihnen nicht, was Sie tun sollen, sondern ich erkläre Ihnen die Vorteile jeder Stufe. Sie nehmen einfach die Dinge davon mit, die am besten zu Ihnen und Ihrer Situation passen. Einverstanden?

Stufe 1: Hör zu!

Also, lassen Sie uns die drei Stufen anschauen, die Sie gehen müssen, damit Twitter für Sie „funktioniert".

Wirklich überraschend ist es wahrscheinlich nicht, dass es bei den ganzen, bereits stattfindenden Unterhaltungen am allerwichtigsten ist, zuzuhören.

Was ist damit gemeint?

Auf einer Party oder auf einer Veranstaltung ist Zuhören ja noch recht einfach. Sie stehen einfach dabei, benutzen Ihre Ohren und, naja, hören eben zu. Wenn Sie etwas hören, das Sie interessiert, spitzen Sie Ihre Ohren und achten natürlich noch mehr auf das, was erzählt wird.

Bei Twitter funktioniert das Zuhören zwar ein wenig anders, das Prinzip ist aber das gleiche.

Neben der Tatsache, dass Sie vor Ihrem Computer sitzen und hunderte von Tweets beobachten, die auf Ihrem Monitor erscheinen, wird die wahrscheinlichste Art des „Zuhörens" sein, bei Twitter nach Dingen zu suchen, die Sie interessieren.

Dafür gibt es unter anderem die folgenden Tools:

- **Twitter Suche** (http://search.twitter.com) – Durchsuchen Sie Twitter in Echtzeit und sehen Sie, was in diesem Moment in der Welt passiert.
- **Monitter** (http://monitter.com) – Mit diesem Tool können Sie drei Suchbegriffe oder -phrasen parallel und in Echtzeit „überwachen".
- **BackTweets** (http://backtweets.com) – Suchen Sie auf Twitter nach Links zu beliebigen Internet-Adressen.

Probieren Sie sie am besten gleich einmal aus. Ich warte solange ...

Schon zurück? Gut, dann lassen Sie uns weitermachen.
Sie haben also einige Unterhaltungen gefunden, die Sie interessieren, dann ist jetzt ein guter Zeitpunkt, um sich unter das Volk zu mischen.

Während Ihrer letzten Veranstaltung sind Sie wahrscheinlich ein wenig umher geschlendert und haben sich an den Gesprächen beteiligt, die Sie am interessantesten fanden.
Glauben Sie, dass Twitter anders ist? Nein, es unterscheidet sich nicht wirklich von einer tatsächlichen, zwischenmenschlichen Unterhaltung; sie findet eben nur im virtuellen Raum, also online statt. Das ist alles.

Ihre Aufgabe besteht darin, durch Suchen und Zuhören die Gesprächsgruppen herauszufinden, deren Themen Sie am meisten interessieren. „Schlendern" Sie umher, spitzen Sie Ihre Ohren und seien Sie bereit, in ein Gespräch einzusteigen.

Das ist unter Umständen übrigens wesentlich einfacher und effizienter als in der „richtigen Welt".

Mit der ausgeklügelten Suchfunktion von Twitter können Sie allen möglichen Gesprächen „lauschen", ohne dass es jemand merkt. Klasse, oder?

Sie suchen nach Personen, die über Dinge sprechen, die für Sie relevant sind. Das sind die besten Unterhaltungen bei Twitter, was Sie und Ihr Vorhaben anbelangt.

Eine weitere (übrigens ziemlich gute) Möglichkeit zu starten, ist, nach sich selbst zu suchen. Sie wissen schon, was ich meine! Tippen Sie Ihren Namen, die Firma, Ihre Produkte oder Marken im Suchfeld ein und schauen Sie, wer Sie in den Augen Ihrer Kunden sind.

Das ist einer der Momente, in denen Sie eitel sein dürfen. Suchen Sie nach sich selbst!

Das sind die Unterhaltungen, an denen Sie sich beteiligen wollen. Das sind die Menschen, mit denen Sie zu tun haben möchten. Ihr Ziel ist es, Menschen zu finden, die über Sie, Ihre Produkte, Ihr Unternehmen, Ihre Marke oder Ihre Dienstleistungen reden.

Auch wenn das ein bisschen nach „Selbstbespaßung" klingt, lesen Sie weiter – es hat seinen Sinn. Versprochen.

Stufe 2: Antworten

Nachdem Sie einigen Unterhaltungen gelauscht haben, wird es Zeit, selber an ihnen teilzunehmen und zu antworten.

Noch einmal, Sie grätschen nicht hinein, Sie ergänzen das, was diskutiert wird. Das sollte Ihnen nicht sonderlich schwerfallen, schließlich nehmen Sie an einem Gespräch teil, das für Sie und Ihr Business interessant ist und Ihre Expertise auf diesem Gebiet bietet einen Mehrwert für die Diskussion.

Bevor Sie sich aktiv einklinken, lautet die wichtigste Frage an sich selbst „Womit kann ich helfen?" beziehungsweise „Welchen zusätzlichen Nutzen kann ich ihnen bieten?".

Mit helfen meine ich zum Beispiel, Ihr Experten-Wissen zu teilen, einen unzufriedenen Kunden anzusprechen oder Ihre (fundierte) Meinung zum Thema zu äußern. Ähnlich wie auf der Cocktail-Party nehmen Sie daran teil, was gerade besprochen wird, sie FOLGEN also dem Thema.

Bringen Sie sich in die Konversation ein, indem Sie beim Thema bleiben – und bieten Sie immer einen Mehrwert für die Unterhaltung, bevor Sie erwarten, dass die Unterhaltung einen

Mehrwert (na, Sie wissen schon – Pinke-Pinke, Zaster, Kohle) für Sie bringt. Von dieser Erwartungshaltung sollten Sie sich verabschieden, bevor Sie das erste Wort zur Unterhaltung beigetragen haben. Denken Sie an den Nachbarn ...

Wenn Sie sich einbringen, werden Sie Ihre potenziellen Kunden nicht mit Verkäufer-Blabla bombardieren. Es gibt einen viel besseren Weg dafür. Lesen Sie also weiter, ich komme noch darauf.

Fazit

Ihre Aufgabe besteht darin, Ihren Followern mehr Nutzen zu bieten, als Sie von ihnen erwarten.

Sind Sie leidensfähig?
Nein? Dann sind soziale Netzwerke wie Twitter nichts für Sie. Legen Sie das Buch weg, gönnen Sie sich ein Glas guten Weins und gehen Sie früh zu Bett.

Was haben die über mich gesagt???!
Im Laufe Ihrer „Zuhör-Phase" werden Sie früher oder später auf jemanden treffen, der nicht das ist, was man einen Fan von Ihnen nennen würde. Auch wenn es zunächst einmal demütigend ist, so etwas über sich zu lesen, bietet Twitter eine exzellente Möglichkeit, in solch einem Fall Ihr Image wiederherzustellen, indem Sie unmittelbar darauf reagieren können.

Wenn Sie etwa auf einen Kunden treffen, der unzufrieden mit Ihnen, mit Ihrem Business oder Ihren Produkten ist, ist es kinderleicht für Sie, sich oder Ihr Unternehmen wieder in ein rechtes Licht zu rücken.

Sprechen Sie das Problem direkt und ehrlich an.

Es kann ein wenig dauern, bis Sie die Beziehung zu diesem Kunden wieder in Ordnung gebracht haben und vielleicht noch neue Kunden durch Ihren tollen Service hinzugewonnen haben.

Aber nicht nur das, auch andere Twitterer werden bemerken, welch guten Service Sie bieten und Sie werden feststellen, dass diese darüber reden werden; voller Lob über Ihre Auffassung von Kommunikation mit Ihren Kunden.
Ein schönes Beispiel dafür ist Tony Hsieh, der CEO des Online-Schuhhändlers Zappos.com, der über Twitter einen unglaublich tollen Kundenservice bietet und mittlerweile über 400.000 Follower hat. Ein Schuhhändler ...!

Negatives Image kann schnell zu positivem Image werden, durch Mundpropaganda bei Twitter – arbeiten Sie daran und seien Sie dankbar dafür.

Wollen Sie mehr darüber erfahren, wie Twitter für den Kunden-Service eingesetzt werden kann? Hier finden Sie einen guten Leitfaden mit einigen Beispielen von existierenden Unternehmen:

http://mashable.com/2009/05/09/twitter-customer-service/

Stufe 3: Mach mit!

Die letzte Stufe in unserem 3-Stufen-Plan heißt: Mitmachen. Erinnern Sie sich noch – „Mitmachen ist Marketing", darüber haben wir schon gesprochen.

Bis jetzt haben Sie die richtigen Unterhaltungen verfolgt und sich darin eingebracht, indem Sie geantwortet haben und einen Mehrwert geboten haben.

Erinnern Sie sich daran, dass durch Ihr Zuhören und Antworten andere auch Ihnen zugehört und geantwortet haben. Motivieren Sie Ihr Publikum zum Mitmachen, binden Sie die Menschen ein.

Beginnen Sie neue Unterhaltungen mit ihnen, indem Sie Fragen stellen, um Feedback bitten oder sie um einen Rat oder ihre Meinung bitten.
„Retweeten" Sie die Kommentare, Fragen oder Anregungen Ihrer Follower. Das bedeutet, Sie wiederholen den Tweet einfach (wörtlich und unkommentiert) und stellen ein „RT @Urheber-Twittername" voran. Damit verbreiten Sie dessen Tweet zusätzlich in Ihrer gesamten Follower-Community, was dem Urheber möglicherweise weitere Follower einbringt. Sozusagen als kleine Gegenleistung für sein Engagement.

So, ab jetzt wiederholt sich dieser Prozess immer wieder. Zuhören-Antworten-Mitmachen.

Solange Sie weiter zuhören, antworten und mitmachen, wird die Zahl Ihrer Follower bei Twitter weiter zunehmen und die Kommunikation mit Ihren Kunden und Interessenten wird funktionieren.

Je mehr Sie zuhören, antworten und mitmachen, desto größer wird Ihre Glaubwürdigkeit und umso mehr werden Sie über Ihre Kunden und Ihren Markt erfahren.

Sie wissen natürlich selber, dass man nie genug über seine Kunden und seinen Markt lernen kann und Twitter ist ein perfektes Werkzeug dafür.

An diesem Punkt werden Sie den wahren Nutzen erkennen, Twitter im Business einzusetzen. Beziehungen aufbauen, Vertrauen aufbauen, eine Gemeinschaft um sich und sein Unternehmen aufbauen.

Die gute Nachricht ist, dass Sie als aktiver Zuhörer-Antworter-Mitmacher von Zeit zu Zeit ein „Super-Sonder-Spezial-Angebot" verbreiten können, ohne dass ein Sturm der Entrüstung losbricht. Im Gegenteil, Ihre Follower werden positiv darauf reagieren.

Denn sie wissen, dass Sie nicht der „nervige Nachbar" sind, der nur seine Versicherungen verticken will.

Sie haben als „Ich-Sender" eine vertrauensvolle Beziehung zu Ihren Followern aufgebaut, in der diese Form der Werbung angemessen ist. Aber immer langsam mit den jungen Pferden – sobald Sie mehr von Ihren Followern erwarten, als Sie ihnen bieten, ist der Nutzen von Twitter für Sie und Ihr Unternehmen verloren.

Wenn Sie Twitter für Ihr Geschäft einsetzen, wird es Zeit und Mühe kosten, damit es sich lohnt.

Dennoch bin ich überzeugt, dass Sie einen direkten und positiven Einfluss auf Ihr Geschäft erleben, wenn Sie diesem 3-Stufen-Plan folgen.

Sie können Ihre Umsätze steigern, mehr Kontakte generieren oder auch mehr zufriedene Kunden haben. Und je mehr Sie im Laufe der Zeit aus Twitter herausholen, umso realistischer wird es, alle drei Dinge zu erreichen.

Wie ist Ihr Plan?

Nachdem Sie jetzt mit einem einfachen (aber höchst effektiven) 3-Stufen-Plan für Twitter gerüstet sind, wird es Zeit, das, was wir uns angeschaut haben, auch strategisch umzusetzen und zu implementieren. Es wäre doch eine Schande, wenn Sie das Potenzial von Twitter nicht vollständig nutzen können, nur weil die Strategie fehlt, oder?

Die wichtigste Voraussetzung ist, dass Sie Twitter als gleichwertiges Instrument in Ihren geschäftlichen Alltag integrieren. Und Sie würden wohl auch kein Marketing ohne eine Marketing-Strategie betreiben, richtig? Sehen Sie!

Die Frage ist, welche Schritte sie unternehmen müssen, damit Twitter für Ihr Unternehmen funktioniert.

Nachfolgend finden Sie die wichtigsten Richtlinien, die einige der erfolgreichsten Twitterer verfolgen. Tagein, tagaus.

Entwickeln Sie Ihre Strategie

Als erstes definieren Sie klar und eindeutig Ihre Ziele. Sie werden merken, dass Sie mehr Erfolg damit haben, wenn Sie sich fragen, welchen Nutzen Sie Ihren Followern bieten, als zu überlegen, was Ihre Follower Ihnen bieten können.

Ihre Strategie könnte zum Beispiel einen der folgenden Punkte beinhalten:
• Generieren von Kontakten
• Kunden-Service
• Weiterbildung
• Wissen zu Produkten und Service
• Eine Mischung aus allem

Wenn Sie Ihre persönliche Strategie entwickeln, denken Sie möglichst nicht in „Alles-oder-nichts"-Kategorien. Vielleicht ist das für Ihr Unternehmen Effektivste auch eine Mischung aus verschiedenen Punkten oder Ansätzen. Seien Sie kreativ, mutig und offen für neue Gedanken und Ideen.

Vielleicht wollen Sie Ihre Strategie darauf ausrichten, neue Kontakte zu generieren und „nebenbei" auch einen tollen Service für Ihre bestehenden Kunden zu bieten.

Ihr „Twitter-Cocktail"

Ihr strategisches Ziel ist es, Menschen einen Grund zu bieten, Ihnen als „Ich-Sender" bei Twitter zu folgen. Also schauen wir uns einmal Ihren persönlichen „Twitter-Cocktail" an.

Mit „Cocktail" meine ich, wie häufig Sie „tweeten", also Nachrichten schreiben, worüber Sie tweeten und in welche Kategorien Ihre Tweets fallen.

Ein schmackhafter „Twitter-Cocktail" könnte so aussehen:
- 50 Prozent hilfreiche Informationen für Ihre Zielgruppe
- 10 Prozent über Sie selbst, Ihr Unternehmen, Ihre Produkte
- 5 Prozent durchdachte Fragen (die Antworten erzeugen)
- 20 Prozent Beteiligung an interessanten Gesprächen
- 5 Prozent Dinge, die für Ihre Follower und ihr Leben nützlich sein können
- 10 Prozent Anerkennung für Ihre Follower (Retweets etc.)

Nehmen Sie diese Zusammenstellung bitte nicht als festes Rezept. Sie soll lediglich dazu dienen, Ihnen eine Vorstellung zu geben, wie Ihr gesamtes Engagement bei Twitter aussehen könnte.

Ein guter Cocktail wird Ihre Tweets frisch und interessant für Ihre Follower machen, neue Unterhaltungen ermöglichen, wertvolle Informationen (mit-)teilen, dafür sorgen, dass Ihre Follower nicht zu Tode gelangweilt werden und der eine oder andere Bereich nicht überhandnimmt.

Ohne eine Vorstellung davon, was Sie Ihren Followern wie an einem Tag mitteilen wollen, kann es passieren, dass Sie ständig über das Gleiche tweeten.

Indem Sie Ihren Cocktail immer im Auge behalten (natürlich können Sie ihm auch variieren), bleiben Sie für Ihre Follower interessant. Und ein interessanter Tweeter erhält bekanntlich die größte Aufmerksamkeit.

Machen Sie einen „Mitmach-Plan"

Planen Sie einen festen Zeitraum in Ihren Tag ein, um Ihre Strategie und Ihre „Twitter-Mischung" umzusetzen und natürlich für's Zuhören-Antworten-Mitmachen.

Wenn Sie dabei beständig und präsent sind, werden Sie in absehbarer Zeit als eine verlässliche Quelle angesehen werden. Sie erinnern sich – wir haben ja schon darüber gesprochen, dass der Aufbau von Vertrauen einer der Schlüssel ist, um Twitter erfolgreich für Ihr Unternehmen einzusetzen.

Davon abgesehen, dass es Ihnen nützt, um Erfahrungen mit Twitter zu sammeln, werden Sie auf deutlich höhere Akzeptanz bei Ihren Followern treffen, wenn Sie über Ihr Unternehmen, Ihre Produkte oder Ihre Dienstleistung sprechen.

Machen Sie sich einen Plan und halten Sie sich daran. Falls Ihnen das sehr schwerfällt, gehen Sie ihn noch einmal durch und überarbeiten ihn. Vielleicht finden Sie eine Möglichkeit, den Zeitplan für Sie geschäftlich und persönlich verträglicher zu gestalten. Twitter ist nur ein Teil Ihres Lebens, nicht das Leben selber, daran sollten Sie auch denken.

Zwei Vorteile Ihres „Mitmach-Plans":

1. Er wird Ihnen helfen, konsistenter zu sein und schafft einen Fokus auf Ihre Twitter-Aktivitäten als Bestandteil Ihres Tages.
2. Er setzt Parameter rund um Ihre Twitter-Aktivitäten und bewahrt Sie davor, wegen Ziellosigkeit genervt aufzugeben.

Konsistenz und eine effiziente Zeiteinteilung sind absolut wichtig in der Twittersphäre. Sie werden Vertrauen schaffen und sich eine Community aufbauen, ohne sich zu verzetteln und Stunden zu „verdaddeln".

Der Minimal-Plan

Das absolute Minimum Ihres Plans beinhaltet:
- Zu welcher Uhrzeit nutzen Sie Twitter?
- Für welchen Zeitraum (20 Minuten pro Tag, 1 Stunde pro Tag ...)?

Machen Sie das zum Bestandteil Ihrer täglichen Agenda und Routine.

Wenn Sie nur mal zwischendurch einen Blick auf die aktuellen Tweets werfen möchten, gibt es dafür „Twitter für beschäftigte Menschen" (http://www.twitterforbusypeople.com).

Ganz praktisch ist auch Twhirl (http://www.twhirl.org/), das Programm lasse ich auch immer laufen, wenn ich mit dem MacBook arbeite (wird allerdings nicht mehr weiterentwickelt, wie ich gerade höre...) oder laden Sie sich Twitterfon auf Ihr iPhone runter. Auch TweetDeck und Seesmic sind als Desktop-Applikationen zu empfehlen. Es gibt viele tolle Programme – allerdings oft mit keiner sehr langen Halbwertszeit. Halten Sie am besten Augen und Ohren offen oder empfehlen Sie ein Programm, das Ihnen besonders gut gefällt, in meinem Blog.

Denken Sie daran:

- Twitter ist eine Unterhaltung – verhalten Sie sich wie in jeder anderen auch
- Seien Sie nicht der „nervige Nachbar"
- Zuhören-Antworten-Mitmachen
- Finden Sie interessante und relevante Unterhaltungen mit Hilfe der diversen Such-Möglichkeiten
- Bringen Sie sich in Unterhaltungen unter dem Aspekt „welchen Nutzen kann ich bieten?" ein
- Motivieren Sie Ihre Follower, sich zu beteiligen
- Erst nachdem Sie Vertrauen aufgebaut haben, können Sie ab und zu „verkaufen"
- Entwickeln Sie eine Strategie, was Sie mit Twitter erreichen wollen
- Erstellen Sie Ihre persönliche „Twitter-Mischung"
- Machen Sie einen „Mitmach-Plan" und halten Sie sich daran

2.6 Beispiel 5: StudiVZ, Facebook, Xing, LinkedIn & Co.

Jetzt wird es persönlich. Bei unserer Betrachtung von Newslettern, Foren, Blogs und Microblogs stand bislang die Information und die inhaltliche Interaktion im Vordergrund.

Der Nachwuchs saugt das virtuelle Networking quasi mit der Muttermilch auf. Über SchülerVZ und StudiVZ werden Bande geknüpft, die wahrscheinlich für ein Leben halten und später bei meinVZ weiter gepflegt werden. Wer in seiner Jugend einmal von einem Mitmenschen „gegruschelt" (die VZ-Kombination aus „grüßen" und „kuscheln") wurde, der will die digitale Nähe wahrscheinlich später auch nicht missen wollen. Klingt

komisch, aber fast sechs Millionen User allein in Deutschland sprechen eine deutliche Sprache. Hier lernt man also schon früh, was es heißt, ein „Ich-Sender" zu sein, jederzeit mit vielen Menschen weltweit verbunden zu sein und sich auszutauschen.

Bei Kontaktseiten wie Facebook, den VZs, Xing oder LinkedIn stehen Sie als Person, als Mensch im Rampenlicht auf der weltweiten Bühne, Sie sind ein echter „Ich-Sender". Und wenn ich ‚weltweit' sage, meine ich das auch. Facebook hatte im Juni 2009 über 220 Millionen Nutzer, LinkedIn über 40 Millionen und Xing über 7 Millionen. Sind Sie bereit für diese Öffentlichkeit?

Und der Nutzen für die Nutzer?

Bei Kontaktseiten geht es in erster Linie darum, Kontakte zu Menschen zu knüpfen, die Sie bereits kennen oder darum, Ihre Verbindungen zu publizieren. Diese Verbindungen sind öffentlich, deshalb ergeben sich nahezu zwangsläufig weitere Beziehungen um eine oder mehrere Ecken. Da Sie sich durch Ihr Engagement in Foren, Blogs und Twitter bereits ein soziales Netzwerk geschaffen haben, ist es wahrscheinlich, dass Sie von Nutzern dieser Netzwerke auch auf den Kontaktseiten gefunden werden. Vielleicht sind Sie auch schon längst von dem einen oder anderen eingeladen worden, sich bei Facebook oder LinkedIn zu registrieren, um sich dort mit Ihnen verknüpfen zu können. Ja, soziales Netzwerken erzeugt auch einen gewissen sozialen Druck, hatte ich das noch nicht erwähnt? Schließlich kommunizieren Sie nicht versteckt hinter der Fassade eines Firmennamens, sondern als Mensch. Und da Menschen soziale Wesen sind, möchten sie als „Herdentier" mit anderen Menschen Kontakt haben. Das ist in der digitalen Welt nicht anders als in der realen. Vielleicht sogar noch etwas ausgeprägter, weil es keine unmittelbare, zwischenmenschliche und physische Konfrontation bei der Äußerung eines Kontaktwunsches gibt.

Das klingt alles nett, nur dürfen wir unser Ziel nicht aus den Augen verlieren – wir wollen einen positiven Effekt für unser Unternehmen erreichen. Das Engagement auf diversen Plattformen ist gut und wichtig. Am Ende wollen wir aber, dass sich all diese Menschen BEI UNS engagieren, richtig? Und um dieses Ziel zu erreichen, engagieren wir uns.

Facebook

Als Kontaktportal von Studierenden für Studierende entstanden, ist Facebook heute die weltweit größte Kontaktplattform. Vorrangiges Ziel ist es, verblasste Kontakte wieder aufleben zu lassen, ehemalige Kommilitonen, Freunde oder Kollegen wiederzufinden und mit diesen zu kommunizieren.

Dafür stellt Facebook verschiedene integrierte Dienste bereit, zum Beispiel eine Profilseite mit Fotos oder Videos; eine (öffentliche) Pinnwand, auf der Besucher Nachrichten hinterlassen können; eine Chatfunktion zur Echtzeit-Kommunikation mit anderen angemeldeten Nutzern; ein Blog-Widget, mit dem der eigene Blog abgerufen und auf der Facebook-Seite veröffentlicht werden kann. Es besteht die Möglichkeit, sich bestehenden Gruppen anzuschließen oder eigene Gruppen ins Leben zu rufen. Auf dem ‚Marktplatz' können Kleinanzeigen aufgegeben und gelesen werden. Außerdem kann man sich mittels eines virtuellen Agenten über Neuigkeiten oder Veränderungen auf den Seiten von verknüpften Kontakten (‚Freunden') informieren lassen.

Durch eine offene Programmierschnittstelle (API) können Drittanbieter Programme und Plug-ins zur Integration in die eigene Facebookseite anbieten. Anfang 2009 wuchs die Anzahl dieser Applikationen auf über 50.000, von denen allerdings nur ein sehr geringer Teil auch wirklich genutzt wird.

1989 aus den Augen verloren
2009 endlich wiedergefunden.

Fazit

Facebook eignet sich sehr gut zur zwischenmenschlichen Vernetzung. Wenn Sie für Ihr Unternehmen oder Ihre Marke bloggen, twittern oder in Foren kommunizieren, ist ein persönliches Facebook-Profil in jedem Fall eine sinnvolle Ergänzung. Achten Sie dabei unbedingt auf die Konsistenz Ihrer Daten und Angaben! Merke: Das Internet vergisst nie und Bilder von der Teilnahme an studentischen Massenbesäufnissen zum „Spring break" sind nur bedingt Teil einer seriösen Selbstdarstellung.

schülerVZ, studiVZ, meinVZ

Die VZ-Portale sind die Marktführer in Deutschland. Sie richten sich, wie die Bezeichnungen schon vermuten lassen, jeweils an konkrete Zielgruppen. Wer einmal ein Profil auf schülerVZ eingerichtet hat, wird damit auch in die nächste „Generation", studiVZ oder meinVZ weiterziehen und sein Kontaktnetzwerk (das heißt im VZ: Freunde) dort weiter pflegen.

Es können Fotos hochgeladen und zu Fotoalben aufbereitet werden, man kann sich für Festivals einschreiben und über diese diskutieren und es gibt, wie bei den meisten Kontaktnetzwerken, die Möglichkeit, Gruppen beizutreten oder selber welche zu gründen. Die Bezeichnungen, Themen oder Diskussionsinhalte dieser Gruppen unterliegen einzig dem grundsätzlichen Verhaltenskodex der VZs. Erwarten Sie also bitte nicht ausschließlich angeregte Diskurse über Nietzsche oder Mikro-Biologie auf höchstem Niveau.

Ein wesentlicher und gerade im Zusammenhang mit Dingen wie dem Urheberrecht oder dem Schutz der Persönlichkeit zu sehender Vorteil der VZs im Vergleich zu Facebook, mySpace & Co. ist: Die VZs sind deutsche Unternehmen und unterliegen daher deutschem Recht. Ach übrigens: In einem Gespräch mit dem neuen CEO der VZ-Gruppe hatte ich ihn gefragt, was VZ eigentlich bedeutet. Die Antwort war für mich so einleuchtend wie überraschend. VZ heißt Verzeichnis. So kann man in Deutschland davon ausgehen, dass sich alle Schüler und Studenten tatsächlich in ihr Verzeichnis eingetragen haben. Ganz schön schlau.

> **Fazit**
>
> Die VZs dienen in erster Linie dem privaten Austausch und der Vernetzung mit Freunden. Wenn Sie sich in einem vorwiegend jungen Umfeld präsentieren möchten, kann es sinnvoll sein, auch hier ein Profil einzurichten. Neben der zielgruppenorientierten Ansprache ist es dennoch wichtig, auf die Konsistenz Ihrer diversen Profilseiten zu achten.

Xing

Das ist kein Vertreter der chinesischen Ming-Dynastie, sondern entstammt der US-Vorliebe für Abkürzungen. Die Aussprache-Variante „Crossing" (Kreuzung) kennen viele Touristen sicher von dem Hinweis auf die eine oder andere Straßenkreuzung in den USA. Und da man an einer Kreuzung – in den USA vielleicht nicht ganz so oft – andere Menschen trifft, haben Sie jetzt endlich mal eine schlüssige Erklärung – finde ich. Also, Xing verfolgt das sogenannte „Small World"-Phänomen. Das bedeutet, dass (theoretisch) jeder jeden über maximal sechs Ecken „kennt". Durch die Transparenz der Verknüpfungen mit anderen Nutzern lässt sich so das eigene Kontaktnetzwerk schnell ausbauen. Ob Sie „Xing", „Dsching" oder „Crossing" sagen, bleibt übrigens, laut Hinweis der Betreiber, ganz alleine Ihrem persönlichen Geschmack überlassen.

Im Vergleich zu Facebook ist Xing vorrangig auf geschäftliche Kontakte ausgerichtet. Neben einer ausführlichen Profilseite haben Premium-Nutzer Zugriff auf zahlreiche Communitys, Foren, Veranstaltungskalender und Suchfunktionen. Auch das Einrichten von eigenen Gruppen zu bestimmten Themen ist möglich – wenn man die Hürde „Administrator" zu nehmen

3. Als Moderator können Sie dann die Geschicke dieser Gruppen nach Ihren Wünschen lenken. Schauen Sie doch mal in der von mir moderierten Gruppe „Creative Industries" vorbei: www.xing.com/net/creative-industries

Über die integrierte Messagingfunktion können einzelne Nutzer oder definierbare Gruppen im eigenen Kontaktnetzwerk erreicht werden.

Die (sehr eingeschränkte) Basisfunktionalität von Xing ist kostenfrei, der vollständige Funktionsumfang ist kostenpflichtig.

Fazit

Wer geschäftlich im sozialen Netz aktiv ist, sollte auch eine Profilseite bei Xing haben. Durch das Engagement in internen Foren und Gruppen lassen sich schnell zusätzliche Zugriffe auf den eigenen Blog oder die Website generieren.

LinkedIn

LinkedIn ist der Profi unter den Kontaktseiten. Die Funktionalität ist in weiten Teilen vergleichbar zu Xing. Zusätzlich können angemeldete Nutzer auf diverse integrierte Dienste und Anwendungen zugreifen, gemeinsam mit anderen Nutzern Dateien bearbeiten oder zur Verfügung stellen.

Um extensive Kontaktverknüpfungsmöglichkeiten zu sehen und zu nutzen, kann zum Beispiel das eigene Outlook-Kontaktverzeichnis auf die Plattform hochgeladen (bei Xing übrigens auch) und mit dem gesamten LinkedIn-Verzeichnis abgeglichen werden.

Natürlich gibt es auch bei LinkedIn Gruppen, deren Mitglieder sich über die verschiedensten Themen austauschen. Da LinkedIn wesentlich internationaler als Xing aufgestellt ist, gibt es Gruppen in über 41 verschiedenen Sprachen und zu unzähligen Schwerpunkten. Wer sich also weltweit vernetzen und professionell austauschen möchte, kommt an einem LinkedIn-Profil nicht vorbei.

Mit dem kostenlosen Account sind nahezu alle Funktionen nutzbar. Eine kostenpflichtige Version erweitert die Möglichkeit der spezifischen Suche und automatisierten Kontaktaufnahme zu anderen Nutzern.

Fazit

Professioneller und seriöser netzwerken als bei LinkedIn geht kaum. Die Schwerpunkte der integrierten Kommunikationsmöglichkeiten sind anders gelagert als bei Xing. So stehen nicht Foren und Gruppen zum Austausch im Vordergrund, sondern konkrete Fragestellungen und Co-Working. Außerdem können Empfehlungen durch andere Nutzer eingeholt und veröffentlicht werden, was wiederum die eigene Reputation steigert (vergleichbar zu Kunden-Bewertungen auf Produktseiten).

Je sichtbarer Sie im Netz sind, umso größer ist natürlich die Chance, gefunden zu werden. Deswegen kann ich Ihnen nur raten, sich bei sämtlichen dieser Kontaktportale ein persönliches Profil anzulegen. Planen Sie die Inhalte, die Sie veröffentlichen wollen, vorher aber genau und gleichen Sie Ihre Profile von Zeit zu Zeit ab. Absolut wichtig ist ein konsistentes Erscheinungsbild. Zwar kann Ihr Profilbild auf Facebook unter Umständen ein wenig entspannter ausfallen als auf LinkedIn, die Inhalte und Daten müssen aber exakt übereinstimmen, sonst wird es unglaubwürdig.

Erwarten Sie allerdings nicht das gleiche Maß an Interaktion und Feedback. Weder auf den verschiedenen Kontaktportalen noch im Vergleich zu Twitter & Co. Es hängt sehr stark von der Ausrichtung Ihrer Kunden und Interessenten ab, ob diese überhaupt in den jeweiligen Netzwerken präsent und aktiv sind.

Sofern das Alter Ihrer Zielgruppe zwischen 15 und Mitte 20 liegt, ist die Chance am größten, diese bei Facebook, StudiVZ oder MySpace anzutreffen. Absolventen und Berufseinsteiger werden Sie auch bei Xing treffen, während der Schwerpunkt bei LinkedIn bei über 30 Jahren liegt.

Sie sollten sich allerdings auch darüber im Klaren sein, dass die Präsenz auf Kontaktportalen Interaktion erzeugen kann. „Ja, natürlich!!", werden Sie jetzt wahrscheinlich denken. „Warum sollte ich das sonst wohl machen?!"

Klar, nur bedeutet Interaktion auch, dass Sie sich daran beteiligen. Zeitnah und regelmäßig. Eine einmal in Schwung gekommene Kommunikation mit der falschen Zielgruppe lässt sich nicht so leicht wieder zurückfahren, ohne schlechtes Image zu erzeugen und kostet Sie unter Umständen viel Zeit. Also prüfen Sie vorher lieber etwas intensiver, wie weit Ihr Engagement auf der jeweiligen Seite gehen sollte.

Was immer Sie eintragen, denken Sie daran: Google vergisst nie!

2.7 Beispiel 6: Vlogs & Podcasting

Deutschlands Eltern stehen am Rand.
Am Rand der Verzweifelung. Denn immer mehr Kinder verbringen ihre Zeit vor dem Computer. Die meisten, um Mama und Papa zu erklären, wie das Ding funktioniert.

Der Papst, Barack Obama und Königin Rania von Jordanien sind da schon einen Schritt weiter: Die hohen Herrschaften sind nicht nur online, sie haben zum Beispiel auch einen eigenen Kanal bei dem Video-Portal YouTube. Das wundert dann die Eltern noch mehr und sie beschäftigen sich mehr und mehr mit dem Computer oder besser mit dem Internet.

Barack Obama hatte, wie die „New York Times" zu berichten wusste, bereits im Wahlkampf sein Team darauf eingeschworen, die Web 2.0-Generation, die Generation der „Ich-Sender", mit ins Boot zu holen. Das ist ihm gelungen. Die „New York Times" spricht von der weltweit ersten „YouTube-Präsidentschaft".

Google sei Dank: Obama kann sich jetzt mit einer wöchentlichen Videobotschaft (http://www.youtube.com/user/BarackObamadotcom) direkt an seine Bürger wenden.

Meine ältere Tochter Lisa (heute 7 Jahre alt) hat in ihrem ersten Schuljahr gerade Lesen gelernt. Manchmal darf sie auch an meinem alten Laptop Kinderprogramme spielen. Vor einigen Wochen habe ich ihr dann die Google-Suchmaschine erklärt. Ich sagte, da muss man sich bemühen, die Wörter richtig zu schreiben. Sie können sich den dadurch entwickelten Ehrgeiz nicht vorstellen. Diese Tage habe ich beobachtet, wie sie erstmals im Internet nach Bildern suchte. (Kleiner, aber wichtiger Hinweis. Stellen sie an Ihrem Rechner unbedingt einen Kinder- beziehungsweise Jugendschutz ein.)

Und Sie?
Sie arbeiten im Marketing. Nehmen wir einmal an, dass es zu Ihren Aufgaben gehört, ein paar hochkarätige Gastrednerauftritte für die Chefin der von Ihnen betreuten Firma zu ergattern.

Sie füllen die Anträge aus. Sie telefonieren hinterher. Sie machen den Auftritt klar. Sogar als Hauptrednerin! Super!

Vor der Veranstaltung schreiben Sie eine Pressemitteilung über die bevorstehende Rede der CEO. Sie ködern ebenfalls teilnehmende Medienvertreter: „Wie wäre es mit einem Mittagessen mit der CEO nach ihrer Rede?"

Sie hören sich die Rede der CEO an. Sie notieren sich ihre Argumente: Das könnten die Aufhänger für einen neuen Trend-Pitch sein ...

Gleich nach ihrer Rede hasten Sie durch das Auditorium und suchen nach grünen Presseausweisen. Vielleicht können Sie noch ein zusätzliches Briefing herausholen; oder zwei – oder drei!

Nachdem Sie das alles erledigt haben, genehmigen Sie sich einen Drink und massieren sich in der Airport-Lounge Ihre schmerzenden Füße. Guter Junge, Auftrag ausgeführt.

Gestern wäre das genug gewesen. Gestern hätte Ihnen das ein „guter Junge" von der CEO eingebracht.

Morgen allerdings wird das nicht mehr reichen. „Morgen" machen Sie ALLES WIE OBEN BESCHRIEBEN und – im herannahenden Zeitalter des Content-Marketings – sollten Sie außerdem noch:

- die CEO im Wagen auf dem Weg zur Veranstaltung interviewen, und zwar mit Einsatz Ihrer kleinen Videokamera.
- die CEO für einen improvisierten Podcast in einen ruhigen Konferenzraum ziehen.
- die Pausengespräche auf den Gängen dokumentieren und einige der Konferenzteilnehmer vor und nach der Rede der CEO befragen („Was sind Ihre Erwartungen an die Rede? Hat die Rede Ihre Erwartungen erfüllt?").
- die Rede selbst filmen oder als Livestream übertragen und/oder live bloggen/twittern ..., während Sie die anderen Tweets von Konferenzteilnehmern beobachten und kommentieren.
- diese Inhalte während der ganzen Veranstaltung austauschen und die Reaktionen beobachten; direkt mit den Usern interagieren; Fragen beantworten usw.

Vergessen Sie auch hier nicht, dass diese „Strategien von morgen" nicht unbedingt wie früher auf „die Medien" abzielen. Ihr Ziel ist es, neue Inhalte für alle Nutzer einzustellen, den ständigen Austausch mit Ihren direkten Lesern und die Weitergabe der Inhalte zu verstärken und so Diskussionen und Reaktionen von allen möglichen Interessenten anzuregen.

Solch eine „Content Engine" schafft ständig neue Möglichkeiten für mehr Aufmerksamkeit und Dialog, und obendrein ist der laufend aktualisierte Strom von Inhalten suchmaschinenoptimierend. (SEO – Search Engine Optimization.) Mit anderen Worten: Hinterlassen Sie eine möglichst breite Spur im Internet.

Die Zukunft steht vor der Tür – heute!
Denken Sie MULTI-Media!

Sicherlich haben Sie Recht, wenn Sie bei YouTube erst einmal an wackelnde, unscharfe Amateuraufnahmen von Flummi jagenden Haustieren oder Luftgitarre spielenden Jugendlichen denken. Solche Clips machen den überwiegenden Teil des Contents auf den gängigen Video-Portalen aus. Menschen wie Sie und ich „drehen" mit ihrem Handy oder ihrer Webcam alles, was ihnen vor das Plastik-Objektiv gerät. Manchmal gewinnen diese Wackelpudding-Podcasts auch ungeahnte Popularität, weil sie, aus dem normalen Leben gegriffen, gleichsam so skurril sind, dass sie die Besucher von YouTube & Co. anziehen, wie das Licht die sprichwörtliche Motte.

Das ist es wiederum, was Video-Portale aber so attraktiv macht. Jeder kann mitmachen. Ohne Barrieren, ohne Kosten und ohne zertifizierte Befähigung.

Von sämtlichen Social Media-Plattformen nimmt YouTube nach wie vor den Spitzenplatz bei den Zugriffszahlen ein.

Und weil Bewegtbildkommunikation attraktiver ist als statische Werbung, investieren viele Unternehmen inzwischen kräftig in die Produktion von YouTube-Content. Sei es durch eigene Clips oder durch strategische Kampagnen, wie zum Beispiel die von Volkswagen für den Golf VI GTI.

Auf dem Volkswagen-Channel durften User für den „Volkswagen Movie Contest" ihre eigens gedrehten Videos auf YouTube hochladen – einzige Bedingung dafür: Das Video muss sich in irgendeiner Art und Weise um (einen) VW drehen. Die dabei entstandenen Werke wurden von einer Jury bewertet und in ihrer Gesamtheit als „VW-Mosaik" (jedes Video ist mit einem Screenshot vertreten) dargestellt. Die einzelnen „Mosaikteilchen" lassen sich anklicken und öffnen dann das jeweilige Video.

Mit der Aktion und mit den einzelnen Videos machte VW seinen YouTube-Channel bekannt, erhöhte die Markenbekanntheit und positionierte sich als innovatives Unternehmen. Das ist virales Marketing mittels Social Media.

Unternehmen mit professionell produziertem Content haben einen weiteren Vorteil: Sie erreichen mehr User als die Heimkino-Produzenten. Eine Studie des Beratungsunternehmens Aquarius Consulting zeigt, dass Business Generated Content (BGC) im Vergleich der Klickraten mehr als doppelt so viele Zugriffe erzielt als User generated Content (UGC).

Dennoch liegen die Produktionskosten für ein solches Video in der Regel deutlich unter denen für eine klassische Marketing-Kampagne, einmal abgesehen davon, dass die „Ausstrahlung" bei YouTube & Co. kostenfrei ist. Und die Clips erreichen oftmals wesentlich mehr Betrachter, indem die Links zu diesem verteilt und weitergeleitet werden, Marke „Das musst du dir ansehen". Für gesammelte Informationen hält YouTube eigene Kanäle für Unternehmen bereit.

Zwar ist der Automobilhersteller Jeep, wie im entsprechenden Kapitel beschrieben, nicht in Internetforen aktiv, unterhält jedoch einen solchen Kanal auf YouTube (http://www.youtube.com/user/thejeepchannel). Hier können Besitzer, Fans und Interessenten die ersten Clips zum 2010er Grand Cherokee entdecken oder virale Geschichten mit dem Jeep® Urban Ranger als komischem Protagonisten in diversen kurzen Geschichten anschauen.

Mit der Verschiedenartigkeit seiner Clips ist es für Jeep entsprechend einfach zu testen, welches Produkt bei welcher Zielgruppe das meiste Interesse erzeugt.

Statt eines 45-minütigen Webcasts (gähn) erstellen Unternehmen wie Jeep kleinere Inhaltspakete, die in „Kapiteln" an den Mann gebracht werden. Ein ein- bis zweiminütiger Webcast zur Einführung kann einen potenziellen Neukunden dahin bringen, dass er Interesse und das nötige Wissen hat, um sich ein weitergehendes, fünf- oder zehnminütiges Demovideo oder eine Slideshow anzusehen und so weiter …

Jede Abfrage eines „weiteren Inhalts in der Reihe" signalisiert, dass sich der Interessent immer weiter Richtung Kaufentscheidung bewegt, und diese Bewegung kann rückverfolgt werden. (Welche Videos wurden am häufigsten aufgerufen? Welche Videos wurden am häufigsten abgebrochen?)

2.8 Und jetzt zur Strategie

Bislang haben wir uns meistens Beispiele angeschaut, in denen der Konsument Leidtragender oder Nutznießer war. Vielleicht sind Sie aber gar nicht im Endkunden-Business, sondern im B2B-Bereich aktiv.

Nehmen wir an, Sie sind für das Marketing für einen CAD/CAM-Software-Anbieter verantwortlich. Da fallen einem verschiedene Arten von Käufertypen (und Kaufbeeinflussern) ein: Design Ingenieure, CTOs, CEOs, die Schreibtischtäter in der Einkaufsabteilung und so weiter.

Mit welcher Content Marketing-Strategie werden Sie den extrem unterschiedlichen Anforderungen dieser Entscheidergruppen an die Informationen in den verschiedenen Phasen der Kaufentscheidung gerecht?

Also, Design-Ingenieure und CTOs sind per se technikaffin, richtig? Sie werden wahrscheinlich Weißpapiere und Webcasts im Demostil sehen wollen. Aber diese Leute sind ständig auf dem Sprung und bewegen sich in vielen verschiedenen Branchen, also sollten Sie überlegen, eine Podcast-Reihe zu erstellen, die sie durch Ihre Produktdemo führt, und zwar in Kapiteln, die an die Anforderungen der Neukunden angepasst sind. Sie können die Inhalte außerdem mit dem Programm Tweaks „vertikalisieren", die einzelnen Branchen ansprechen. Das Ganze würzen Sie dann noch mit ein paar Kundeninterviews, die Sie in die trockene Information einstreuen.

Und jetzt, da Sie diese Kundeninterviews haben, stellen Sie fest, dass CEOs und Chefs von Einkaufsabteilungen, die zwar nicht genau verstehen, was man mit Ihrem Produkt eigentlich machen kann, positive Aussagen über Qualität und Anwendbarkeit des Produkts sowie über den Kundendienst sehr wohl verstehen. Wenn Sie die Kundeninterviews auf Video haben, können diese Schnipsel Teil eines Videoblogs (Vlog) sein; Anbieter können sie während der Kaufanbahnungsphase per E-Mail versende und vieles mehr.

Wenn aber Handbücher und andere textbasierte Inhalte Teil Ihrer Strategie bleiben, dann sorgen Sie dafür, dass Sie sowohl aufgehübschte PDFs als auch „atomisierte" HTML-Versionen anbieten. Erstere können ausgedruckt oder an Executives der

alten Schule weitergeleitet werden, während die „atomisierte"
Version den Bloggern und/oder Neukunden die Möglichkeit
bietet, ihre Leser und Kollegen auf bestimmte Daten hinzuweisen, die Ihre CAD/CAM-Lösung bewerben.

Der richtige Inhalt geliefert an die richtigen Leute zum richtigen Zeitpunkt im Verkaufzyklus. Das hört sich total simpel
an, stimmt's?

2.9 Beispiel 7: Wikis

Wir haben bereits Einiges über Soziale Medien gehört, die in
erster Linie kundenorientiert sind, also „nach draußen" ge-
richtet sind. Social Media, das „Mitmach-Web", bezieht sich
aber auch auf die „nach innen" gerichtete, also unternehmen-
sinterne Kommunikation.

Dabei spielt, ähnlich wie bei den externen Medien, die Benut-
zerfreundlichkeit und die Selbstverständlichkeit des Umgangs
eine entscheidende Rolle für die weitere Verbreitung von Social Media innerhalb von Unternehmen.

Mal ehrlich, welche Möglichkeiten haben Ihre Mitarbeiter,
sich an Kommunikationsprozessen in Ihrem Unternehmen zu
beteiligen? Das schwarze Brett, wow! Die Wunschliste in der
Kantine, hey! Der Vorschlagsbriefkasten, toll! Der monatliche
Verbesserungswettbewerb, ich bin beeindruckt!

Ach, für Mitteilungen am schwarzen Brett sind vorgefertigte
Kärtchen notwendig, die man sich in der Personalentwicklung
im 7. Stock abholen kann. Die ausgefüllten Kärtchen wirft
man dann in den Briefkasten neben dem schwarzen Brett,
bis sie alle zwei bis drei Wochen vom Hausmeister hinter die
Glasscheibe des Bretts kapriziert werden. Und wenn man eine
Nachricht am schwarzen Brett interessant findet, muss man
sich nur einen Zettel und einen Stift besorgen und die wich-

tigsten Daten abschreiben. Na, das nenne ich doch mal ein durchdachtes, praxisnahes und benutzerfreundliches Kommunikationssystem! Ach so, es wird kaum genutzt, weil das Interesse nicht sehr groß ist. Dann ist ja alles klar ...

Haben Sie schon mal darüber nachgedacht, das schwarze Brett abzunehmen und die freie Stelle an der Wand mit einem schönen Bild zu verzieren? Der Wert dieses Ortes könnte für Ihre Mitarbeiter erheblich steigen, wenn sie sich vor dem schönen Bild treffen und sich miteinander unterhalten.

Natürlich habe ich eine Alternative im Sinn, sonst würde ich ja nicht dieses Buch schreiben. Werfen wir aber erst einmal einen kurzen Blick auf die Zahlen (Zahlen kommen immer gut an, oder?).

Berechnungen des Marktforschungsunternehmens Forrester schätzen die Umsätze für das sogenannte Enterprise 2.0 in den nächsten Jahren auf rund 4,6 Milliarden US-Dollar. Den Löwenanteil davon werden Anwendungen in den Bereichen Social Networking, Mashup (Erstellung neuer Medieninhalte durch die nahtlose Kombination bereits bestehender Inhalte) und RSS einnehmen. Beim Social Networking spreche ich nicht, bei allem gebotenen Respekt, von Diensten wie Twitter oder Facebook. Innerhalb von Unternehmen werden diese Dinge auch in absehbarer Zeit nicht zu höheren Gewinnen führen. Ich spreche von Dingen wie Schwarzes Brett 2.0, Vorschlagbriefkasten 2.0, Prozessdefinition 2.0 und so weiter. Also Anwendungen, bei denen die Aktivitäten und der Austausch Ihrer Mitarbeiter, Kunden, Partner und sonstiger Netzwerke im Fokus stehen.

Als ein Beispiel, dessen Sinn bereits seit Jahren höchst erfolgreich unter Beweis gestellt wird, möchte ich einmal die Wikis in den Vordergrund stellen.

Schon der Name alleine ist doch ein Traum, oder? Wiki. Aus dem hawaiischen übersetzt bedeutet es so viel wie „schnell". Falls Sie schon einmal wie ich auf Hawaii waren und in Honululu gelandet sind, haben Sie sicher die Shuttlebusse gesehen, die „Wiki Wiki", also die „ganz schnellen".

Wikis in Unternehmen werden in den nächsten Jahren die Produktivität in jedem Fall steigern – im Gegensatz zum schwarzen Brett.

Falls Sie schon jetzt von Wikis begeistert sind, müssen Sie allerdings auch bedenken, dass es bei der Umsetzung zu Herausforderungen kommen kann und wird. Wie steht es um die Sicherheit, die Zugriffsrechte, die Kompatibilität zu Ihren bestehenden IT-Systemen? Wie wird die Akzeptanz bei Ihren Mitarbeitern sein? Können sie sich einbringen, wollen sie mitmachen und die Anwendungen bedienen?

Grundsätzlich ja. Vorausgesetzt, dass das System leicht zu bedienen ist und nur sehr geringe Nutzungsvoraussetzungen mit sich bringt.

Ein gutes Beispiel dazu habe ich kürzlich während eines Fachkongresses kennengelernt.

Die Fraport AG, die Betreibergesellschaft des Frankfurter Flughafens, hat durch eine Untersuchung erhebliche Defizite, Reibungsverluste und eine hohe Fehleranfälligkeit beim Thema Wissensaustausch innerhalb des Unternehmens festgestellt. Es wurde nach einer Möglichkeit gesucht, ein Knowledge-Managementsystem (KMS) zu implementieren, das diese Nachteile nicht mit sich bringt, sondern im Gegenteil, effizient und produktivitätssteigernd arbeitet. Durch eine Umfrage im firmeninternen Newsletter wurde klar: Es wird dringend ein effizientes KMS gebraucht, damit „das Gold in den Köpfen" nicht länger im Verborgenen schlummert.

Die Fraport AG entschied sich für das kostenlose GPL lizen-sierte „MediaWiki". Für dieses System sind etliche Plug-ins und Erweiterungen erhältlich und den meisten Anwendern ist die Benutzung bereits durch Wikipedia bekannt, wo dassel-be System eingesetzt wird. Das „Skywiki", so der Name des Fraport-Systems, sollte kostengünstig und unkompliziert sein, problemlos in die bestehende IT-Infrastruktur einzubinden sein und aus Sicherheitsgründen im eigenen Rechenzentrum betrieben werden können. Das alles konnte beim „Skywiki" gewährleistet werden.

„Skywiki" wurde Mitte 2007 bei der Fraport AG eingeführt. Es gab begleitende Marketingmaßnahmen und Anwenderschu-lungen, um die Mitarbeiter mit dem System und seiner Funkti-onsweise vertraut zu machen. Es bestand aus einer attraktiven und intuitiven Oberfläche mit einer Grundstruktur, einem Styleguide und rund 500 Artikeln. Schon nach kurzer Zeit be-teiligten sich immer mehr Mitarbeiter als Autoren daran und inzwischen sind rund 2.000 Artikel von mehreren hundert Mit-arbeitern online. Diese Artikel können gekennzeichnet oder anonym verfasst werden, was die Akzeptanz weiter gefördert hat. Es gibt schließlich auch Themen, bei denen man dem Chef gegenüber nicht sofort als Urheber auffallen, dennoch zum Nachdenken anregen möchte.

Ein „Artikel des Monats", im System gekennzeichnet mit einem kleinen Wikinger, wird in der Mitarbeiterzeitung aus-drücklich zur Lektüre empfohlen. Im Wochenrhythmus werden weitere Artikel im Intranet beworben und immer wieder wird im internen Printmedium zum Mitmachen angeregt.

„Skywiki" kann inzwischen mehrere hunderttausend Zugriffe verzeichnen, wobei man beachten muss, dass rund die Hälfte der über 12.000 Beschäftigten nicht im Büro, sondern bei-spielsweise auf dem Vorfeld arbeitet und nur über allgemein zugängliche Terminals auf das System zugreifen kann.

Das ist Social Enterprise Media in der Praxis

Bei uns in der Agentur, also bei Publicis Berlin, haben wir schon vor einigen Jahren ein Intranet eingerichtet. Zunächst als internes Kommunikationsmedium gedacht, entwickelt es sich immer mehr zu einem Nachschlagewerk, zu einem „Publiki" – auch wenn wir es (noch) nicht so nennen. Hier werden Tipps und Tricks eingestellt, interessante Links und Artikel zu den unterschiedlichsten Themen ebenso. Alle wichtigen Formulare und Listen sind ebenfalls hier zu finden. Der Vorteil: Mit Passwort und Benutzernamen haben alle Mitarbeiter weltweiten Zugriff. Die Einträge werden übrigens nicht redigiert, was dazu geführt hat, dass sich nach kurzer Zeit fast alle Mitarbeiter aktiv daran beteiligt haben.

3.
Blogger Relations –
Wie erreichen Sie „die da drinnen"?

Sie haben viel gelesen. Nicht nur bis hier in diesem Buch, sondern auch im Netz. Dort sind sie alle – die Tweets, die Posts und vor allem die Blogs mit ihrem Content. Inhalte, die Ihnen das Leben schwer machen können oder die Ihre Marke in neuem Glanz erstrahlen lassen können. Je nachdem, wie gut Ihr Verhältnis zu den Köpfen hinter den Blogs ist.

Aber wie erreicht man externe Blogger? Darum geht es beim MARKETING ja schließlich, oder? Blogger Relations! Mehr Berichterstattung in den Online-Medien!

Okay, klar, prima, ja – das können wir machen. Aber da gibt es einige Spielregeln. Über diese Regeln sprechen wir auf den folgenden Seiten, aber ZUERST sollten Sie sich den Gefallen tun und sicherstellen, dass Ihr „Blogger Relations-Plan" auch *koordiniert* ist.

In großen Unternehmen kann „Kontakt zu den Bloggern" von verschiedenen Leuten sehr unterschiedlich verstanden werden, und Sie riskieren eine sehr öffentliche Peinlichkeit, wenn Sie es zulassen, dass Ihre Blogger Relations-Pläne nicht abgestimmt werden. Es ist toll, dass Sie Blogger Relations betreiben möchten. Aber sind Sie sich auch sicher, dass niemand in Ihrem Unternehmen das bereits tut?

Es ist zum Beispiel überhaupt nicht schwierig, sich die gewisse Naivität vorzustellen, mit der ein Marketer über eine *bezahlte* Blogger Relations-Kampagne nachdenkt. Es fällt ihm möglicherweise nicht einmal ein, sich mit der PR-Abteilung des Unternehmens in Verbindung zu setzen – er schenkt solch einer Kampagne vielleicht nicht mehr Beachtung als der Entwicklung einer neuen Postwurfsendung. Für den naiven Marketer, der schon seit 20 Jahren im Geschäft ist, ist diese „Blogging-Sache" vielleicht einfach nur ein neuer Kanal, den man ausnutzen kann.

Macht Sie diese Aussicht etwas nervös? Gut, das sollte sie auch.

Hier einige Fragen, mit denen Sie Ihre Untersuchung beginnen können:

- Wurden offizielle „Spielregeln" für den Umgang mit Bloggern festgelegt und allen bekannt gemacht?
- Sind alle Marketing-Mitarbeiter, die an das Corporate Marketing (und/oder an eine Geschäftseinheit) berichten, in den „Spielregeln" für den Umgang mit externen Bloggern geschult worden?
- Besteht die Möglichkeit, dass irgendeine der Marketingabteilungen in den Geschäftseinheiten bereits in eine kostenlose oder bezahlte Blogger Relations-Kampagne involviert war?
- Wenn einer Ihrer Marketing-Manager Blogger dafür bezahlt hat, über Ihre Produkte/Dienstleistungen zu schreiben, musste diese Geschäftsbeziehung dann öffentlich gemacht werden?

(Wenn Sie auf ein paar beunruhigende Antworten stoßen, dann beginnen Sie sofort mit der Aufdeckung jeglicher bezahlter Geschäftsbeziehungen zu Bloggern. Sie können sich später damit beschäftigen, „was da schiefgegangen ist".)

Haben Sie übrigens tatsächlich bereits „feste Spielregeln" für die Kontaktaufnahme mit Bloggern? Betrachten Sie die Tipps auf der nächsten Seite als Starthilfe. Sie sind im Format eines Bookmarks, Sie können die Seite also ausdrucken und sie ausschneiden. Bei uns in der Agentur liegt eine laminierte Version dieses Blogger Relations Bookmark bei jedem Mitarbeiter auf dem Schreibtisch.

3.1 Blogger Relations – Kurze und wertvolle Tipps

Lesen Sie mindestens zwanzig von diesem Blogger kürzlich gepostete Beiträge und Kommentare.
* Lernen Sie die Persönlichkeit und die Interessen des Bloggers kennen.
* Kommentare lesen ist wichtig: Sie bekommen ein Gefühl sowohl für die *Leser* als auch für das Engagement des Bloggers.

Werden Sie Teil der Community des Bloggers.
* Beteiligen Sie sich zumindest an den Kommentaren.
* Idealerweise hat die Community bereits vor Ihrem ersten „Posting" schon mal von Ihnen gehört.

Blogger sind Experten aus Leidenschaft ... Vermeiden Sie Business Talk!
* Keine Massenaussendung von Postings – jeder Artikel muss genau abgestimmt und relevant sein (ebenso wie bei Media Relations)!
* Wenn Ihr Artikel noch nicht vollständig ausgereift ist, dann versenden Sie ihn nicht!

Für Blogger kommt es auf Trackbacks, Kommentare, Autorität an.
* Wie führt die Berichterstattung über Ihre Nachricht zu „Linklove"? (Als „Linklove" bezeichnen Suchmaschinenoptimierer den Effekt, dass Websites einen höheren Pagerank bei Google erhalten, wenn viele und qualitativ hochwertige Links auf diese verweisen.)

Blogger sind keine Journalisten.
* Blogger schreiben, worüber sie schreiben **wollen** – Ihre Neuigkeiten sind für sie vielleicht nicht spannend, selbst wenn es *scheint*, als passten sie „haargenau ins Profil".

- Blogger sind „Amateure", das heißt, dass sie ihre Fakten nicht überprüfen, ihre Quellen nicht schützen und nicht unparteiisch sein müssen!

Blogger leben in einer Community.
- Blogger wissen oft, bei wem Sie es sonst noch mit Ihrem Pitch versuchen; und sie wissen auch, welchen Eindruck Sie auf ihre Freunde gemacht haben.

Genau wie traditionelle Journalisten werden Blogger Ihnen oft ihre einzigartige Perspektive auf Ihre Neuigkeiten anbieten: Haben Sie Futter für sie?

Respektieren Sie die Macht & die Gefahren der Blogosphäre. Wie sieht nun ein guter Blogger Relations Job aus? Was bringt einem das? Hier ein paar gute Beispiele:

3.2 Blogger Relations-Fallstudie: „Mommy-blogger"

Genau dann, wenn Sie gerade denken, dass die meisten Agenturen beginnen zu „kapieren", worum es bei Blogger Relations geht, finden Sie plötzlich eine ganze Reihe schlechter Beispiele.

Glücklicherweise haben viele **gewissenhafte PR Blogger** die Geduld gehabt, **Best Practices** zu definieren, und als Branche können wir nur auf einen positiven Wandel hoffen (und/oder auf die Nachsichtigkeit zu Recht verärgerter Blogger). Und in der Zwischenzeit schreien wir alle nach **Fallstudien**, richtig?

Hier ist eine, wie sie das Agenturleben schrieb:
Die Firma NEAT in den USA stellt einen handlichen portablen Scanner her. Wie Sie vielleicht schon erwartet haben, sind die Zielgruppe dieses Unternehmens Geschäftsleute, genauer

114

gesagt, Geschäftsreisende. Die Marketingidee: „Gehen Sie zu einem Geschäftsessen, scannen Sie dann den Beleg noch auf dem Fahrersitz Ihres Mietwagens ein, bevor Sie vom Parkplatz fahren; machen Sie Ihre Reisekostenabrechnung schon unterwegs." Für diesen pragmatischen Pitch gab es jede Menge Medieninteresse.

Glück gehabt: Eine Reporterin, die NEAT bereits kannte, verfasste einen positiven Kommentar auf den Seiten eines Technikmarktes. Der wiederum fiel Martha Stewart auf, der führenden Bloggerin und Meinungsführerin in diesem Bereich. Diese postete es in den Blog Omnimedia. Wunder über Wunder, NEAT wurde **von einer begeisterterten Martha Stewart positiv dargestellt** – was prompt dazu führte, dass der NEAT Scanner bei Amazon.com auf Platz 1 schoss und für einen Tag das e-commerce-System des Unternehmens überlaufen ließ.

Zwischen dem Coup mit Martha Stewart und einigen weiteren Erfolgen in der „Lifestyle"-Sparte bekam die Agentur schnell mit, dass dieser schlaue, kleine Scanner der Renner bei Hausfrauen mit Kindern ist, die auf schnellem Wege die Zeichnungen ihrer Kinder, Belege der Haushaltskasse, Familienrezepte usw. festhalten wollen. *Siehe da!* Ein neuer Markt und eine neue Zielgruppe waren geboren.

Die Agentur legte also den Fokus auf die einflussreiche und ständig wachsende Nische der „Mommyblogger". Das Problem war, dass plötzlich alle und jeder die Größe und die Macht dieser Blogging-Nische entdeckt zu haben schienen. Das Resultat war, dass viele „Mommyblogger" mit dümmlichen Spammails von aufdringlichen PR-Leuten überflutet wurden. Die Agentur musste also bei ihrer Kontaktaufnahme ganz besonders vorsichtig und sorgfältig sein.

Nach einigen Wochen Recherche identifizierten die Kommunikationsfachleute der Agentur eine **Nische-in-der-Nische**. Während sich die meisten „Mommy Blogs" logischerweise mit dem „Mutter sein" beschäftigen, gibt es eine kleine Zahl von Seiten wirklich computerverrückter, technikverliebter Mütter. Statt auf die breite Masse der „Mommyblogger" loszugehen, haben sie ihren Ansatz auf nur eine Hand voll begrenzt.

Phase Eins – „Zuhören" – war eines der wichtigsten Elemente bei der Recherche. Die Agentur hatte ihre Liste der führenden 10 „technikverliebten Mütter" auf 3 reduziert, nachdem sie festgestellt hatten, dass 7 von ihren Top-10-Müttern mit ihrem technischen Spielzeug oder ihrem Ansatz sehr wahrscheinlich nichts anfangen können.

Phase Zwei beinhaltete eine sehr respektvolle Kontaktaufnahme, entweder per E-Mail oder über die Kommentare auf den Seiten der „Mommyblogger". Am Ende schrieb jede der drei „Mommyblogger" einen positiven Erfahrungsbericht über den NEAT Scanner.

Phase Drei war es jedoch, die die Kampagne von den meisten anderen Ansätzen unterschied.

Die meisten PR-Agenturen hätten sich berechtigterweise über diese ersten Resultate gefreut und sie als einen erfolgreichen Blogger Relations Job verbucht. Diese Agentur beschloss aber, da noch mehr rauszuholen.

Sie haben die „Mommyblogger" noch einmal angesprochen, und zwar mit einem Vorschlag: Sie würden jeder von ihnen zehn Scanner geben, die Sie in Form eines Wettbewerbs an ihre Leser verteilen können. Um sich zu qualifizieren, sollten die Leser entweder:

a. einen Kommentar „warum ich unbedingt einen NEAT Scanner gewinnen will" auf der Seite der „Mommyblogger" schreiben oder

116

b. einen Eintrag in *ihrem eigenen* Blog schreiben, und zwar mit einem Trackback zum Eintrag auf der „Mommyblogger"-Seite, der sie dazu veranlasst hat. (Das war am beliebtesten, da es sich positiv auf das Technorati-Ranking und das Suchmaschinenergebnis der „Mommyblogger" auswirkte.)

Dieser bescheidene kleine Scanner wurde der helle Stern der „Mommysphäre". Mit diesem einen Wettbewerb auf gerade mal drei Websites generierte die Agentur über 80 weitere Blog-Einträge über den NEAT Scanner, und fast 1.200 Leser schrieben einen Kommentar darüber, „wofür ich einen NEAT Scanner benutzen würde".

Diese Informationen waren pures Gold für den Kunden der Agentur – der nicht nur kürzlich eine neue Marktchance entdeckt hatte, sondern nun *auch* noch Zugriff auf mehrere hundert Seiten kostenlose, benutzergenerierte Inhalte für die Marktforschung hatte, die er als Inspiration für die Entwicklung neuer Produkte und Werbebotschaften nutzen konnte.

Das schlägt die Investition tausender Euros in eine Fokusgruppenanalyse.

3.3 Ein paar weitere Beispiele phantastischer Blogger Relations-Effekte

Im Juli 2008 plante die Firma MobileSphere die Markteinführung eines neuen Produktes mit dem Namen „Slydial". Slydial ist ein kostenloser Service, mit dem Sie direkt eine Sprachnachricht auf der Handymailbox Ihres Freundes hinterlassen können, ohne dass ein Klingelton ausgelöst wird. Ein großartiger Service zur Vermeidung unangenehmer Gespräche!

Um einem derart attraktiven Service gerecht zu werden, kamen als Zielgruppen Blogger aus der Geschäftswelt, aus den Bereichen Technik, Lifestyle, Teens und Klatsch in Frage. MobileSphere entwickelte ganz spezielle Herangehensweisen für jede dieser klar definierten Zielgruppen und individualisierte jeden Pitch so, dass er genau den erwiesenen Interessen jedes Bloggers entsprach: Der typische Leser von TechCrunch ist schließlich eine ganz andere Spezies als der Leser von Perez Hilton.

Außerdem verschickten sie an all ihre Blogger-Kontakte eine Social Media News Release (SMR), die Multimediadateien (Videos usw.) enthielt. In dieser SMR war so viel eigenständiger Rich Content, dass Blogger ohne Interview direkt aus der SMR posten konnten, wenn sie das bevorzugten.

Das Ergebnis? Während des einen Monats dieser „Blogger Outreach"-Kampagne wurde Slydial in 381 **Blog Posts** erwähnt. Das war das direkte Ergebnis der Kombination der direkten Kontaktaufnahme mit den viralen Effekten dieser ersten, sehr prominenten Einträge in der Blogosphäre. Diese hunderte von Einträgen waren genauso vielseitig wie die vielen Pitches, die rausgeschickt wurden.

Die Vielfältigkeit und der Einfluss der so generierten Berichterstattung in den Medien reichten von **TechCrunch** (Technik Blog) und **Perez Hilton** (Klatsch & Tratsch) über Asylum (Blog für Männer) bis hin zu **Popgadget** (ein auf Technik ausgerichteter Blog für Frauen). Slydial wurde sogar in „The Today Show" und bei „The View" erwähnt! Und weil Howard Sterns Frau ein großer Fan von Perez Hilton ist, hat schließlich sogar dieser berühmt-berüchtigte Radiomoderator über Slydial gesprochen, und das vor einem *Millionenpublikum*!

Mit dieser unüberschaubaren Anzahl von Blogeinträgen (und der üblichen Berichterstattung in den Medien) erreichte das Unternehmen die unterschiedlichsten Kunden.

118

Die Kombination von Mainstream PR und Social Media-Effekten ließ Slydials Kundenbasis in weniger als zwei Wochen von 5.000 Private Alpha Usern auf mehr als 200.000 Public Beta User anwachsen!

Das überstieg bei Weitem das Ziel von MobileSphere für diese Kampagne. Da MobileSphere die Zahl neuer Nutzer des Services täglich verfolgte, konnte es eine Verbindung herstellen zwischen den Phasen großer Medienaufmerksamkeit und den Phasen des Anstiegs der Nutzerzahlen – was den direkten Einfluss der Kampagne auf die Geschäftsziele zeigte.

Vor ein paar Tagen erreichte mich die E-Mail eines Bekannten, den ich vor einigen Monaten auf den „Social Media-Topf" gesetzt habe.

Als ich ihm das erste Mal zu erklären versuchte, dass er damit beginnen solle, sich in sozialen Netzwerken auch jenseits von Xing zu engagieren, war die Antwort eine typische: „Das ist doch alles Kinderkram, da tummeln sich doch nur pickelige Jugendliche und arbeitsscheue Home-Office-Typen etc."

Irgendwann hatte ich ihn dann aber so weit, dass er einen eigenen Blog und einen Twitter-Account eingerichtet hat und sogar diverse Artikel und Tweets gepostet hat.

Und dann kam das:
„[...] Seit zwei Monaten schwebte bei mir ein schwieriger Finanzierungsfall, den ich unbedingt durchbekommen musste (Geld für zwei Monate). Die Bank zierte und wendete sich und vertrödelte wichtige Zeit des Kunden. Am Mittwochnachmittag veröffentlichte ich einen Artikel über die Bank in meinem Blog und verlinkte alles mit Twitter.

Freitagmorgen meldete sich das Key-Account-Management der Bank und fragte nach, wie ich zu dieser Meinung käme. Nach der Schilderung des Falles bot es seine Hilfe an.

Jetzt kommt der Knaller!!
Erfahrungsgemäß kann man dann mit einer schnellen Ableh-nung rechnen. In diesem Fall dauerte die positive Zusage nur siebeneinhalb Stunden und ich erhielt persönlich die Antwort der Key-Accounterin der Bank!

Ohne meinen Blog und Twitter würde ich wahrscheinlich immer noch daran sitzen. Das ist ein wirklich schönes Druckmittel.

Wenn wir uns das nächste Mal sehen, werde ich Dir eine Krone aufsetzen!!! Danke, dass Du so hartnäckig warst! [...]"

Das ist übrigens ein authentischer Fall, kein ausgedachtes Bei-spiel mit „rein zufälliger Ähnlichkeit zu lebenden Personen".

Dabei fällt mir noch der Fall des Flugpassagiers von Virgin America ein, der bei der Essensausgabe über den Wolken über-gangen wurde. Porter Gale, Vizepräsident Marketing von Virgin America, berichtete davon kürzlich während einer Twitter-Konferenz in San Francisco. Dazu muss ich bemerken, dass Vir-gin America seine gesamte Flotte mit Wi-Fi ausgestattet hat. Was war also los? Der Reisende wurde aus irgendeinem Grund bei der Essensausgabe während des Flugs übergangen. Er hatte Hunger und war natürlich frustriert darüber.

Was machte er? Statt den Rufknopf für die Stewardess zu drü-cken, setzte er einen Tweet ab und beschwerte sich darüber, dass er gerade im Flugzeug soundso säße und nichts zu Essen bekommen hätte. Rund zehn Minuten später kam die Flug-begleiterin und brachte ihm sein Essen, verbunden mit einer dicken Entschuldigung und einem Glas Champagner.

Was war geschehen? Ein Mitarbeiter der Airline hatte den Tweet gelesen, über die Luftsicherheit den Flugkapitän informieren lassen, der umgehend die Flugbegleiterin ins Cockpit zitierte und darüber informierte, dass der Passagier auf Platz 12 C kein Essen bekommen hätte und darüber auf Twitter berichte.

Der Passagier hat, nachdem er sein Essen und die Entschuldigung bekommen hatte, übrigens weiter auf Twitter über diesen guten Service berichtet und Virgin America damit insgesamt in ein positives Licht gerückt. (Den Artikel können Sie übrigens hier nachlesen: http://www.gadling.com/2009/06/26/galley-gossip-why-ring-the-call-light-when-you-can-send-a-twee/)

Warum also den orangen Knopf drücken, wenn es Twitter gibt und man als „Ich-Sender" fast die halbe Welt erreicht …

Den unmittelbaren Nutzen hatte zunächst einmal der Fluggast, der zwar verspätet, aber immerhin sein Essen bekam. Der mittelbare Gewinner dieser Situation ist natürlich die Airline Virgin America, der es durch ihre Blogger Relations gelang, aus (berechtigter) Kritik ein positives Image zu erzeugen. Klasse, oder?

Der Wirkungsgrad lässt sich sogar noch steigern, wenn man etwa Twitter mit Youtube und Facebook kreuzt. Wie das? Nun, Dave Carroll, ein Musikus aus dem schönen Kanada, wurde am Kabinenfenster Zeuge, wie taktvolle Gepäckverladehilfskräfte der United Airlines in Chicago mit seiner Dreieinhalbtausend-Dollar-Klampfe umgingen. Sie ahnen es – nicht sonderlich pfleglich. Das gute Stück überlebte die Reise nach Nebraska leider nur in unbespielbaren Einzelteilen. Nicht schön, kann mal vorkommen. Allerdings waren die Verantwortlichen bei United der Meinung, die Gitarre nicht ersetzen zu müssen. Erbost über dieses Verhalten schwor Dave Caroll Rache und versprach, United in drei Songs gebührend zu verewigen. Der erste Song der „Sons of Maxwell" mit dem naheliegenden Titel „United breaks guitars" wurde zum Youtube- und Twitter-Hit. Mehr als vier Millionen Menschen haben es sich schon angeschaut und weitergetwittert. Der Claim des Songs „United break Guitars" ist meiner Meinung sogar geeignet, zumindest auf Zeit zum Claim der Airline selbst zu werden. Immerhin ist das ein echter Ohrwurm. Ob eine Vermeidung dieser ungewollten YouTube-Offensive United nicht vielleicht doch ein „Sorry" plus 3.500

121

Dollar wert gewesen wäre? Nachdem innerhalb von zehn Tagen die Dreimillionen-Marke geknackt wurde, ist United auch eingeknickt und hat bezahlt. Mehr noch: Angeblich nutzen sie jetzt das Video sogar zu Schulungszwecken. Unter twitter. com/DaveCarroll oder http://www.youtube.com/user/sonsof-maxwell können Sie jedenfalls verfolgen, wie die Geschichte weitergeht. Und eine Analyse mit TagCloud unter http://www. basicthinking.de/blog/2009/07/14/united-breaks-guitars-youtube-video-zwingt-airline-in-die-knie/.

Na, sind Sie Sie jetzt davon überzeugt, dass es sich tatsächlich lohnen könnte, „diese verrückten Blogger" zu erreichen?

Aber wenn Sie über Social Media nachdenken, dann vergessen Sie nicht, dass sich nicht alles nur um Blogs und Twitter dreht. Die Mitwirkung Ihres Unternehmens in der Online-Welt könnte sogar durchaus auch dann erfolgreich sein, wenn Sie sich nicht im Mindesten um diese „Kontaktaufnahme" bemühen.

3.4 Viral Marketing – Die Mundpropaganda

Mit dem Kommunikationsverhalten ändert sich auch die Art, Werbung zu konsumieren und zu akzeptieren. Soll heißen: Das klassische Marketing hat es immer schwerer. Anzeigen werden einfach überblättert, Plakate ignoriert und in der Fernsehwerbepause wechseln viele Konsumenten den Sender oder gehen auf die Toilette oder in die Küche. Obwohl immer mehr Experten einen Wandel in der Werbewahrnehmung und im Umgang mit Werbung signalisieren, setzen viele Unternehmen weiterhin auf Strategien und Maßnahmen, die Mitte des vergangenen Jahrhunderts ihren Ursprung haben. Inzwischen haben sich aber die Gewohnheiten und das Verhalten der Menschen in vielen Lebensbereichen dramatisch geändert. Kommunikation ist um ein Vielfaches schneller, häufiger und direkter geworden. Reine klassische Kommunikationsstrategien und -aktivitäten

stehen daher immer weniger im Einklang mit dem Lebensstil vieler Konsumenten.

Neue Techniken, Taktiken und Strategien sind gefragt. Doch anstatt umzudenken und innovative Marketingstrategien zu setzen, erhöhen viele Unternehmen einfach nur die Flut an klassischen – oft unterbrechenden und aufdringlichen – Werbemaßnahmen. Mitten in einer spannenden Filmszene kommt abrupt die Werbepause, über einen interessanten Online-Artikel schiebt sich ein flackernder Flash-Layer, der umständlich weggeklickt werden muss etc. Die Folge: Immer mehr Konsumenten filtern, wo immer sie können, ungewollte Werbung aus ihrer Wahrnehmung. Werbeblocker sind zu einem eigenen Wirtschaftszweig im Digital-TV- und Internetmarkt geworden. Dabei ist das generelle Interesse an Produkten, Dienstleistungen oder Marken logischerweise nicht erloschen. Ganz im Gegenteil: Viele Konsumenten nutzen „ihre" Medien, um sich über neue Produkte zu informieren oder um sich inspirieren zu lassen. Allerdings wann sie wollen und wie sie wollen. Der Hebel im Marketing hat sich verschoben und zwar in Richtung der Konsumenten.

3.5 Der wichtigste Faktor bei Kaufentscheidungen

Sie wissen natürlich, welches der wichtigste Faktor ist, der zum konkreten Interesse und letztendlich zur Kaufentscheidung führt: Mundpropaganda. Die wahrscheinlich älteste und vielleicht auch effektivste Form des Marketings. Egal, ob es sich um Produkte oder Dienstleistungen handelt. Schlimmer noch – selbst die Steigerung der Bekanntheit einer Marke wird immer häufiger zur kostenintensiven Luftnummer, wenn Unternehmen heute noch ausschließlich auf klassische Werbung setzen. Konsumenten sind gegenüber solchen Werbebotschaften mittlerweile so kritisch eingestellt, dass ihr persönlicher Abwehrschild von vornherein einen so großen

Widerstand aufbaut, dass er nur selten eine Lücke für neue Produkte und Dienstleistungen lässt.

Die entscheidende Frage ist jedoch: Kann Mundpropaganda gezielt ausgelöst und zur Vermarktung von Produkten und Dienstleistungen eingesetzt werden? Die Antwort ist ein klares „Ja". Es bedarf jedoch genauer Planung und Kreativität sowie eines grundlegenden Verständnisses der zwischenmenschlichen Kommunikation. Insbesondere der Kommunikation im Web, denn das ist ja unser Thema.

3.6 Vorsicht ansteckend – Viral Marketing?

Viral Marketing wird häufig von Marketern mit Mundpropaganda gleichgesetzt. Das ist aber falsch. Viral Marketing kann höchstens eine Vorstufe, ein Auslöser oder ein Katalysator von Mundpropaganda sein. „Viral" bedeutet, dass die Botschaft innerhalb kürzester Zeit von Mensch zu Mensch übertragen wird, ähnlich wie bei einem uns nur zu gut bekannten Krankheitserreger.

Dabei werden Botschaften oder Informationen mehr oder weniger unauffällig gestreut, um das Interesse der Zielgruppe zu wecken. Ist das einmal geschafft, entwickelt sich oft eine erstaunliche Eigendynamik.

Der Erfolg ist, gemessen am minimalen finanziellen Aufwand, in der Regel überproportional groß, lässt sich aber letztendlich nicht genau messen (wie ja oft in der klassischen Werbung sich die Wirkung auch nicht messen lässt), sondern nur abschätzen, da eine genaue Kontrolle der Verbreitung per se nicht möglich ist.

Ein gutes Beispiel für Viral Marketing war das „Moorhuhn", ein Computerspiel, das im Auftrag von Johnny Walker entwickelt wurde. Innerhalb kürzester Zeit erreichte das Spiel eine unglaubliche Popularität, die sich letztendlich auch auf die Marke Johnny Walker übertrug.

Das Ziel von Viral Marketing ist immer, eine möglichst schnelle und weitreichende Verbreitung über die unterschiedlichsten Kommunikationskanäle zu erreichen. Die Werbung muss also nicht B2C geschehen, sondern wird B2B „übertragen".

3.7 Empfehlungen von Kunden versus Viral Marketing

Woran denken Sie zuerst, wenn Sie den Begriff „Mundpropaganda" hören? Wahrscheinlich an Empfehlungen oder positive Berichte, die von zufriedenen Kunden weitergegeben werden. Sie wollen sich ein neues Handy anschaffen. Wahrscheinlich recherchieren Sie im Internet, lassen sich in dem einen oder anderen Geschäft beraten oder – Sie fragen einen Freund oder Kollegen, von dem Sie wissen, dass er sich mit Mobiltelefonen auskennt. Falls er mit Handys von Apple gute Erfahrungen gemacht hat, wird er Ihnen wahrscheinlich empfehlen, sich auch ein Gerät von diesem Hersteller anzuschaffen, und nennt Ihnen auch gleich eine Handvoll Vorzüge. Noch deutlicher wird der Effekt bei Dienstleistungen, die seit jeher von der klassischen Werbung ausgeschlossen waren. Um eine vertrauenswürdige Putzfrau, einen guten Rechtsanwalt oder einen pfiffigen Steuerberater zu finden, führt kaum ein Weg an Empfehlungen vorbei.

Für das Viral Marketing ist diese Art von Empfehlungen jedoch weniger interessant, da sie auf einer innigen – teilweise jahrelangen – Beziehung zwischen Unternehmen und Kunde basieren. Die Einflussmöglichkeiten des Unternehmens auf Zahl und Art der Empfehlungen sind vergleichsweise gering. Nur wer seine Kunden von Anfang an mit der Qualität seiner

Leistung überzeugt, hat eine Chance darauf, solche Weiter-
empfehlungen zu erhalten.

Normalerweise sind kurzfristige Beziehungen nicht besonders
förderlich im Marketing. Anders beim Viral Marketing. Hier
kommt es auf situatives, spontanes Handeln an. Findet jemand ein Produkt, eine Dienstleistung oder eine Information
interessant oder witzig, teilt er sie mit Menschen aus seinem
Bekanntenkreis oder auch mit Fremden über soziale Netzwerke
und Blogs.

Dazu zählen unspezifische Empfehlungen wie Gerüchte und
Geschichten, aber auch spezifische Tipps wie etwa der Hinweis auf eine interessante Website, die Empfehlung eines
Shareware-Programms oder eines lustigen Werbeclips. Wahrscheinlich haben Sie auch schon mal eine (mehr oder weniger)
lustige Powerpoint-Präsentation oder ein Bild per E-Mail erhalten, das Sie so lustig fanden, dass Sie es anschließend gleich
an ein paar Freunde weitergeleitet haben, oder? Ich bekomme
zumindest oft von einer Freundin aus Melbourne in Austra-
lien solche Dinge geschickt, wenngleich ich meistens davon
absehe, weitere Freunde und Bekannte damit zu „erfreuen".
Haben Sie mal darauf geachtet, wer der Urheber dieser wit-
zigen Powerpoint Präsentation ist? Oft sind es Unternehmen,
die derartige Sachen in Umlauf bringen, um schließlich Ihre
eigene Bekanntheit zu steigern.

Das Internet ist natürlich das ideale Medium für Viral Marketing. Durch die hohe Geschwindigkeit der Kommunikation
können sich Nachrichten über E-Mails, Blogs oder Tweets extrem schnell und weit verbreiten. Einmal als „Ich-Sender" den
„Weiterleiten"- oder „Retweet"-Button geklickt, schon lesen
hunderte oder gar tausende weiterer Nutzer die Botschaft.

Mundpropaganda kann auch anders funktionieren, nämlich
durch objektive Empfehlungen existierender Kunden. Ähnlich
wie die Weiterempfehlung der Putzfrau oder des Handys. Dabei

muss der Kunde noch nicht einmal mit dem Interessenten direkt Kontakt aufnehmen. Er hinterlässt einfach seine Empfehlung im Web. Entweder direkt auf der Seite des Unternehmens oder auf einer externen Bewertungsseite wie ciao.de oder testeo.de.

Auch wenn Menschen von den marketingtechnisch angepriesenen Vorzügen eines Produktes begeistert sind, ist die Skepsis häufig recht groß. „Stimmt das denn wirklich? So gut kann es doch nicht sein? Irgendwo muss doch ein Haken sein!" Die Empfehlung eines zufriedenen Nutzers dieses Produkts ist dann häufig der Eisbrecher, der den Kaufimpuls auslöst.

Der Klassiker für dieses Prinzip ist die Auktionsplattform ebay. Hier hat der Aufbau von Vertrauen für Verkäufer und Kunden gleichermaßen hohe Priorität. Liefert mir ein Verkäufer schnell den ersteigerten Artikel und ist dieser auch in dem vorher beschriebenen Zustand, bin ich als Kunde zufrieden und gebe dem Verkäufer eine positive Bewertung. Umgekehrt war es bis vor einiger Zeit auch für den Verkäufer möglich, seinen Kunden positiv, neutral oder negativ zu bewerten (für den Fall, dass die Bezahlung auf sich warten ließ oder ganz ausblieb). Inzwischen ist es für Anbieter nur noch möglich, einen Kunden positiv oder gar nicht zu bewerten, was für viele ebay-Nutzer eine fragwürdige Einschränkung darstellt.

Dennoch liefern die Bewertungen häufig ein Entscheidungskriterium für oder eben gegen einen Handelspartner.

Der Online-Händler Amazon, bei dem sie vielleicht auch dieses Buch erworben haben, hat sich das Empfehlungsprinzip schon früh zunutze gemacht. Kunden kaufen ein Produkt und berichten anschließend auf der Produktseite von ihren Erfahrungen und Meinungen dazu. So können sich Interessenten ein halbwegs objektives Bild von dem Produkt machen und sowohl Vorteile als auch Nachteile aus erster Hand erfahren. Nun kann es Amazon relativ egal sein, welches der Bügeleisen oder Bücher Sie kaufen. Eines werden Sie schon nehmen. Aber vielleicht kaufen Sie ja auch gleich noch ein zweites, weil es so gute Bewertungen von Käufern erhalten hat ...

Wenn ein Hersteller solche Kundenbewertungen auf seiner Website zulässt, ist das schon ein mutiger Schritt. Schließlich gibt es ja auch unzufriedene Kunden, die ihre Erfahrungen gerne mitteilen möchten. Und es würde sich sehr schnell herumsprechen, wenn eine negative Produktbewertung gelöscht würde, um ein positives Bild zu erzeugen.

Der Computerhersteller Dell geht mit dem Bewertungsprinzip recht mutig voran. Überhaupt hat Dell die Macht von Social Media früh verstanden und sich zunutze gemacht.

Wenn Sie bei Dell einen Computer gefunden haben, der Ihren Vorstellungen entspricht, sehen Sie auch gleich, was bestehende Käufer von dem Rechner halten. Sie teilen sowohl Vorzüge als auch Nachteile ihres Computers mit. Damit nicht genug – Dell integriert auch gleich Links zu Facebook, digg.it und del.icio.us, mittels derer Sie den jeweiligen Kunden-Testbericht mit einem Klick ins weltweite Netz meißeln können. Wichtig sind dabei drei Dinge.

1. Die Kunden können mitmachen. Damit ist eines der grundlegenden Prinzipien von Social Media erfüllt.
2. Objektive Informationen werden geteilt. Solche Informationen haben einen wesentlich höheren Vertrauenswert als reine Werbebotschaften.
3. Social Media-Marketing in Form von Kunden-Empfehlungen ist kostenlos!

4.
Erfolgskontrolle –
Was wird über Sie erzählt
und wo steht Ihre Marke?

Ziehen wir einmal Bilanz. Schließlich haben Sie inzwischen schon einiges geleistet.

- Sie haben herausgefunden, in welchen Foren über Ihr Thema gesprochen wird, Sie haben eine Weile zugehört und sich schließlich auch wertschöpfend an der Diskussion beteiligt.
- Sie haben einen informativen Newsletter initiiert und versenden ihn regelmäßig. Natürlich immer mit der Aufforderung an die Empfänger zum Handeln.
- Sie haben diverse Blogs zu Ihrem Thema ausfindig gemacht, beteiligen sich rege an der Kommunikation durch Kommentare und haben schließlich selber einen Blog ins Leben gerufen, den Sie laufend mit Inhalt füttern.
- Sie haben einen Twitter-Account und kommunizieren als „Ich-Sender" fleißig mit Ihren Followern.
- Sie haben eine Facebook-Seite und Accounts bei LinkedIn und Xing eingerichtet und sind inzwischen gut mit relevanten Usern vernetzt. Außerdem nehmen Sie an Gruppen-

Diskussionen teil und haben vielleicht selber schon eine Gruppe ins Leben gerufen.

- Sie laden Videos und Podcasts auf YouTube und Sevenload hoch und verlinken Ihren Blog und Ihre Social-Network-Accounts damit.
- Sie nutzen Wikis oder haben selber ein Wiki für Ihr Unternehmen eingerichtet und Sie haben Ihre Mitarbeiter eingebunden.

Wow! Sie waren wirklich fleißig. Ich habe dafür wesentlich länger gebraucht. Das kann natürlich auch daran liegen, dass ich damals dieses Buch noch nicht zur Hand hatte ...

Etwas fehlt allerdings noch.

Sie haben noch nicht dafür gesorgt, dass Ihre Online-Präsenzen und -Aktivitäten auch gefunden werden. Damit meine ich nicht, dass Sie einen Mitarbeiter von Google zur Sause eingeladen, abgefüllt und anschließend so lange bearbeitet haben, bis er den Pagerank Ihrer Seiten von 0 auf 8 gehievt hat. Schminken Sie sich das ab, das klappt nicht. Was ich meine, sind Social Bookmarks. Nicht nur Informationen wollen geteilt werden, auch die Lesezeichen dafür.

Dienste wie del.icio.us, Digg, Yigg, Mister Wong und Konsorten sind also Ihr nächster Surf-Hotspot.

Hier können Sie nicht nur selber Bookmarks zu Ihren Seiten setzen, Sie können diese auch beschreiben und zur Bewertung und zur Diskussion freigeben. Social Bookmarks sind ein wichtiger Teil des Mitmach-Webs. User geben durch ihre Bookmarks Empfehlungen für (oder manchmal auch gegen) bestimmte Websites ab und veröffentlichen ihre Favoriten im Netz. Sie generieren daraus eine „persönliche", unabhängige Suchmaschine.

Der angenehme, persönliche Nebeneffekt davon ist, dass Sie Ihre Bookmarks überall dort zur Hand haben, wo Sie online gehen. Unabhängig davon, ob es Ihr eigener Rechner ist oder nicht, denn Ihre Lesezeichen sind ja online gespeichert. Aber wie gesagt, das ist zwar ein angenehmer, dennoch nur ein Nebeneffekt.

Das Wesentliche an Social Bookmarking ist die Interaktion, also das Mitmachen und (Mit-)Teilen.

Bei del.icio.us & Co. können Sie nach einer kostenlosen Anmeldung Ihre favorisierten Bookmarks hinterlegen und mit Stichwörtern (Tags) versehen. Über die Tags finden Sie nicht nur eigene Bookmarks, sondern auf Wunsch auch Links anderer User zu einem bestimmten Thema. Der beste, gegenseitige Effekt ist dabei, dass Sie durch das Austauschen von kommentierten Lesezeichen an interessante Adressen von Websites kommen, die von auf statistischen Grundlagen arbeitenden Suchmaschinen wie Google oft als wenig relevant eingestuft und in der Trefferliste ganz weit hinten angezeigt werden.

Dienste wie Yigg und Digg hingegen sind weniger dazu gedacht, Bookmarks zu verwalten, als vielmehr anderen Usern Websites, Blogs oder einzelne Nachrichten, Informationen, Videos oder Bilder zu empfehlen. Diese bewerten die vorgestellten Links mit einem Klick. Je höher die Bewertungen sind, desto mehr steigt die Relevanz dieser Links. Je nach Ranking werden die bewerteten Links dann auf der Homepage präsentiert und erfahren so natürlich nochmals eine Steigerung der Zugriffszahlen.

Vielleicht denken Sie sich jetzt, „meinen neuen Blog kennt ja noch niemand, dann wird ihn auch niemand bewerten!" Unterschätzen Sie nicht die Stimmungslage und den Pioniergeist der Web 2.0-Community. Auch zunächst unbekannte Seiten haben es schon häufig geschafft, durch interessanten Content und einen hohen Nutzwert in der Gunst der Nutzer zu steigen und es zu einer gewissen Bekanntheit zu bringen. Sie sollten diese Möglichkeit also auf keinen Fall ungenutzt lassen.

Die Pflege von Social Bookmarking-Diensten ist allerdings im Vergleich zu persönlichen Kommunikationskanälen wie Twitter, LinkedIn oder Ihrem Blog etwas, das Sie nicht zwangsläufig selber machen müssen. Wichtig ist, dass die Pflege und Kontrolle dieser Verzeichnisse regelmäßig und verlässlich geschieht. Je mehr von Ihren Beiträgen und je öfter Ihre Links unter bestimmten Tags gelistet sind, umso größer ist die Chance, auch über diese Kanäle gefunden und wahrgenommen zu werden.

Eine Übersicht der bekanntesten Dienste:

del.icio.us

Den Dienst mit dem geschmackvollen Namen nutzten 2007 bereits über eine Million angemeldete User. Del.icio.us (inzwischen nennt er sich schlicht delicious, ich finde die alte Schreibweise aber interessanter) ist nicht nur einer der Ältesten, sondern auch der Etablierteste aller digitalen Lesezeichen-Dienste. Die Oberfläche von del.icio.us ist leider nur englischsprachig.

Mister Wong

Mister Wong ist in seiner Funktionalität weitgehend vergleichbar mit del.icio.us – und ist darüber hinaus in deutscher Sprache. Über die Nutzeranzahl ist leider nichts bekannt, das Unternehmen schweigt bis heute dazu.

digg.com

Anders als del.icio.us ist Digg vor allem auf Nachrichten fokussiert. Durch die Nutzermasse sollen hier die heißesten News der Welt gefunden werden. Egal was, egal über wen, egal von wem. Auch Digg ist ein englischsprachiger Dienst.

yigg.de

Yigg ist ein Digg-Klon mit deutschsprachiger Benutzeroberfläche. Auch hier geht es um das Teilen von News. Über die Zahl der angemeldeten Nutzer gibt es seitens der Betreiber keine Informationen, man spricht lieber von Page Impressions und Visitors.

webnews.de

So wie Digg und Yigg ist auch Webnews.de ein News-bezogener Social Bookmarking-Dienst. Laut Betreiber sind ca. 150.000 Nutzer auf der Plattform angemeldet. Webnews gehört der ProSiebenSat.1 Group und Holtzbrinck Ventures.

Für die klassischen Medienanbieter sind Social Bookmarking-Dienste zugleich Traum- und Horrorvorstellung. Der positive Effekt ist die nahezu eigenständige Verbreitung von Informationen, Nachrichten und Inhalten in das gesamte Web. Der Nachteil – und dessen sollten Sie sich bewusst sein – liegt darin, dass User nicht mehr zwangsläufig Ihre Seite aufrufen müssen, um bestimmte Inhalte zu lesen. Diese werden nämlich schon auf den entsprechenden Portalseiten angezeigt. Falls Ihr unbedingtes Ziel ist, mehr Nutzer auf Ihre Website zu ziehen, können Sie zumindest mit News-fokussierten Portalen nicht immer kalkulieren.

Durch die Bewertungen auf den Social Bookmark-Seiten bekommen Sie schon einen ersten Eindruck, wie Ihre publizierten Inhalte in der digitalen Welt ankommen. Wichtig ist dabei, dass es sich nicht um statistische Auswertungen handelt, sondern um rein subjektive Einschätzungen von Menschen. Die Sie ja auch erreichen wollen.

Darüber hinaus gibt es natürlich auch noch maschinelle Varianten. Um eine Kontrolle darüber zu haben, wie relevant Sie für das Web insgesamt sind, sollten Sie regelmäßig überprüfen, dass Sie auch für die gängigen Suchmaschinen „existieren". Nun möchte ich Ihnen an dieser Stelle keinen Vortrag über Suchmaschinenoptimierung (SEO) halten. Dafür gibt es mehr als genug einschlägige Literatur und Spezialisten – auch bei uns in der Agentur. Ich bin außerdem von der kommunikativen Fraktion, nicht von der technischen.

Im Fall von Max haben wir erst einmal sämtliche Web-Adressen in die Social Bookmarking-Dienste eingetragen, die relevant sind. Also sämtliche Websites, Produktseiten, Microsites, Blogs, Profilseiten und natürlich die Twitter-Accounts.

Außerdem wird jeder Artikel, der im Blog veröffentlicht wird, eingetragen, getagged und gruppiert. Damit konnten wir die Zugriffszahlen auf die einzelnen Präsenzen spürbar erhöhen und haben so, als angenehmen Nebeneffekt, eine zusätzliche Kontrollmöglichkeit, welche Seiten häufiger und welche weniger häufig empfohlen oder aufgerufen werden.

Was weiß das Web eigentlich schon von Ihnen?

Die Personensuchmaschinen 123people und yasni sammeln diverse Daten zu Personen im Web. Geben Sie einfach einmal Ihren Namen ein und Sie werden erstaunt sein, wie viele oder wie wenige Informationen zu Ihnen im WWW vorhanden sind. Dabei werden Websites, Bilder, Videos, Blogs, Telefonbucheinträge und einiges mehr angezeigt. Um jederzeit auf dem Laufenden zu bleiben, falls neue Informationen hinzukommen, können Sie sich per E-Mail darüber benachrichtigen lassen.

Um über sich, Ihre Marke, Ihr Thema (oder jedes beliebige andere Thema), die Konkurrenz oder bestimmte Entwicklungen up to date zu bleiben, ohne Tag für Tag stundenlang das Web nach den entsprechenden Hinweisen und Informationen abgrasen zu müssen, sollten Sie hier verschiedene Watchlists anlegen.

Technorati bietet beispielsweise eine Watchlist an, bei der Sie die gesamte Blogosphäre nach bestimmten Schlüsselbegriffen durchsuchen lassen können. Entdeckt Technorati einen neuen Eintrag, finden Sie das Ergebnis auf Ihrer Watchlist. Dazu müssen Sie sich übrigens nicht jedes Mal aufs Neue bei Technorati einloggen; Sie können die Ergebnisse auch als RSS-Feed abonnieren und bekommen so jeden neuen Fund frei Haus in Ihren Feedreader geliefert.

Google Alerts ist einer von zahllosen Diensten des Suchmaschinen-Riesen. Auch hier geben Sie einen Schlüsselbegriff ein und lassen sich von Stund' an täglich mit frischen Suchergebnissen per E-Mail beliefern. Ohne Anmeldung oder Login und jederzeit abbestellbar.

ThunderThimble geht noch einen Schritt weiter. Der kostenpflichtige Dienst durchsucht das Web in Echtzeit. Sie erhalten umgehend eine Meldung, sobald Ihr eingetragener Suchbegriff (vorzugsweise Ihre Marke oder Ihr Unternehmen) an irgendeiner Stelle im Social Web auftaucht und können so innerhalb kürzester Zeit an der Diskussion teilnehmen, einen Blogbeitrag kommentieren oder auf einen Tweet reagieren. Um die Funktionen von ThunderThimble auszuprobieren, können Sie einen registrierten Account 30 Tage lang kostenlos nutzen. Ich finde diesen Dienst außerordentlich hilfreich, zumal die überwachten Diskussionen gespeichert werden. Dadurch lassen sich gut Analysen und Trends entwickeln, die für die laufende Pflege und eventuelle Anpassung Ihrer Social Media-Strategie wichtig sind.

blogpulse ist ein Online-Analyse-Tool, mit dem Sie nicht nur die Relevanz Ihrer eigenen Marke oder Online-Aktivität überprüfen und verfolgen können. Durch verschiedene Tools von blogpulse lassen sich sogar Trends in Social Web erkennen. Über welches Thema wird in den letzten Monaten zunehmend gesprochen, diskutiert und gehandelt? Eine sehr hilfreiche Angelegenheit, wenn Sie zeitnah mit Produkt- oder Dienstleistungsentwicklungen reagieren können.

138

Mit **backtweets** finden Sie heraus, aus welchen Tweets auf eine bestimmte Web-Adresse verlinkt wird. Auch bei diesem kostenlosen Dienst können Sie sich per E-Mail benachrichtigen lassen, sobald die von Ihnen angegebene URL in einem Tweet auftaucht.

Falls Sie bewegtes Bildmaterial in Form von Videos veröffentlichen und zum Beispiel bei YouTube präsentieren, interessiert es Sie vielleicht, mehr über die Klickraten, Benutzer etc. zu erfahren. Dann bietet sich ein Tool wie **tubemogul** an. Zum einen können Sie über tubemogul genaue Statistiken und Analysen zu Ihren Clips erstellen lassen. Zum anderen distribuiert tubemogul Ihre Clips auch an diverse Anbieter weltweit.

Crowdsourcing – Die Quelle des Guten

Erinnern Sie sich noch an das Problem von Max, meinem Freund aus Schulzeiten? Okay, er hatte ja mehrere Probleme auf einmal. Das gravierendste war für ihn, dass das neue Modell eines seiner Autos in der oberen Mittelklasse bei den Kunden durchzufallen drohte.

Das lässt sich leider nicht mehr ungeschehen machen, sobald die Entwicklung abgeschlossen ist und die Fertigung begonnen hat. Unlucky him …

Genau wie Max' Unternehmen scheuen sich viele Firmen davor, sich im Entstehungsprozess in die Karten schauen zu lassen. Zwar werden im Vorfeld Befragungen durchgeführt und frühere Rückmeldungen und Reklamationen von Kunden ausgewertet. Nur sind das alles Beziehungen in die Vergangenheit. Auf der Grundlage dieser Informationen machen sich die Designer und Entwickler ans Werk und kreieren das neue Produkt. Im laufenden Prozess ist es für die künftigen Käufer nicht möglich, sich zu beteiligen. Dabei sind es doch genau diese Menschen, die das Produkt später kaufen wollen oder sollen.

Warum binden die Unternehmen ihre Kunden nicht stärker in die Entwicklung ein? Ich halte das für einen elementaren Grund für viele Flops. Hätten die Unternehmen mehr direkten Kontakt zu ihren Kunden gesucht und diese gefragt und involviert, wäre manch einem Unternehmen sicher eine Krise oder gar vielleicht sogar die Pleite erspart geblieben.

Sicher, der Automobilbau ist ein ebenso kostspieliges wie sensibles Feld, denkt man nur an Dinge wie Produktpiraterie und Plagiatismus. Es gibt unwidersprochen diverse Risiken, gegen die ich gar nicht argumentieren möchte. Es sind die Chancen, und vor allem die bislang ungenutzten Möglichkeiten, die ich für wertvoll halte.

Vielleicht sind Sie ja auch gar kein Automobilbauer. Wahrscheinlich sogar.

Deswegen lautet mein Appell an Sie: Binden Sie Ihre (künftigen) Kunden ein, noch bevor Sie eine Idee für ein neues (oder erneuertes) Produkt oder eine Dienstleistung haben!

Geben Sie den Menschen, die sich für Ihre Produkte interessieren, die Möglichkeit, mitzumachen, mitzugestalten, mitzuentwickeln. Glauben Sie ernsthaft, jemand würde nicht ein Produkt bevorzugen, an dessen Entwicklung und Entstehung er selber in gewisser Form beteiligt war?

Wie das aussehen soll, möchten Sie wissen?

Geben Sie diesen unglaublich wertvollen Menschen eine Stimme und machen Sie sie zum öffentlichen Teil Ihres Entwicklungslabors. Dafür gibt es bereits einige interessante Tools und Dienste.

Eines dieser Tools ist UserVoice (www.uservoice.com).

Sie integrieren einen UserVoice-Widget in Ihre Website und müssen nur noch entscheiden, an welcher Stelle der Wertschöpfungskette Sie beginnen möchten. Haben Sie bereits einige grundlegende Ideen, ein Konzept oder schon einen Entwurf? Dann stellen Sie diese Dinge zur (öffentlichen) Diskussion. Regen Sie zur Begutachtung an, bitten um Bewertungen und detaillierte Kommentare sowie Verbesserungs- oder Veränderungsvorschläge.

Über diese Feedbacks können Ihre User wiederum abstimmen, sie weiter verfeinern oder verändern, wieder bewerten und abstimmen und so weiter. Im Grunde genommen arbeiten die späteren Kunden an Ihrem nun gemeinsamen Produkt weiter und verbessern es gemeinsam.

Sie sind natürlich im ständigen Kontakt mit den Beteiligten, hinterfragen die Vorschläge und zeichnen Ihr eigenes Bild von Ihrem neuen Produkt somit immer feiner.

Schließlich geben Sie eine Handvoll Finalisten zur Bewertung und Abstimmung frei. Und haben am Ende eine ziemlich genaue Vorstellung davon, wie das Produkt aussieht, das Ihre Kunden gerne kaufen werden. Die einzigen, die sich darüber ein wenig ärgern werden, sind wahrscheinlich die Berater in den dunklen Anzügen, die deutlich weniger Tagessätze bei Ihnen abrechnen können. Denn ein Großteil der Beratungsarbeit hat Sie bis jetzt nichts gekostet.

Bis jetzt heißt, dass Sie natürlich einen Anreiz zur Mitarbeit Ihrer Kunden schaffen müssen. Ohne Preis kein Fleiß, ist doch klar. Und je attraktiver der Preis ist, umso größer werden das Engagement sein und die Kreise, die Ihr R&D-Projekt ziehen wird.

Wichtig ist vor allem, dass sie fair gegenüber den Mitwirkenden sind und bleiben. Loben sie einen Preis aus für denjenigen, der die beste Idee hatte aus. Die beste Idee hatte natürlich derjenige, der von den Teilnehmern die meisten und besten Bewertungen bekommen hat. Danach sollten Sie die Idee kaufen, der sie selbst die besten Chancen einräumen.

Wenn Ihnen das irgendwie zu unsicher, zu aufwändig oder zu öffentlich ist, können Sie den gesamten Prozess auch an einen spezialisierten und professionellen Dienstleister übergeben.

Jovoto (www.jovoto.com) ist in diesem Bereich bereits seit geraumer Zeit erfolgreich tätig und hat schon diverse Werbe-Contests für führende Unternehmen wie die Deutsche Bahn, easyJet oder Greenpeace durchgeführt. Wobei die eigentlichen Gewinner nicht nur die Unternehmen sind, die den Mut haben, Crowdsourcing ernst zu nehmen, sondern auch die Kreativen, mit deren Ideen fair umgegangen wird und die nach einem ausgeklügelten und bewährten System auch entsprechend vergütet werden. Gewinner sind natürlich auch die Kunden, die endlich einmal an der Entwicklung eines „ihrer" Produkte beteiligt waren. Ein echtes Win-win-win-Projekt!

Aus dem Nähkästchen

<naehkaestchen>

Übrigens arbeitet Jovoto nicht nur für externe Kunden, sondern betreibt auch intern laufendes Crowdsourcing. Auf der Suche nach dem ultimativen Salatrezept kreiert einmal in der Woche ein Jovoto-Mitarbeiter seinen Lieblingssalat für die Jovoto-Community und stellt sich dem kritischen Urteil der Kollegen. Abschließend wird der Gewinner gekürt und erhält natürlich einen Preis.

Wo der Win-Win-Faktor ist? Ist doch klar: Preis für den Salat-König, Bikini-Figur für alle! ☺

</naehkaestchen>

Der Kaffeeröster (und nebenbei einer der größten Einzelhändler in Deutschland) Tchibo hat das Thema Crowdsourcing recht früh für sich erkannt.

Sicher steht auch in Ihrer Wohnung oder in Ihrem Haus irgendwo ein Gegenstand mit dem TCM-Logo. Und bestimmt haben Sie beim Blick ins Schaufenster einer Tchibo-Filiale oder in deren Shop-Regale im Supermarkt beim Anblick eines interessanten Artikels schon mal gedacht: „Das ist ja eine pfiffige Idee!" Und da Tchibo eben pfiffig ist (auch wenn sie Starbucks anscheinend tatenlos den deutschen Markt für Edel-Coffee-Shops überlassen haben, aber das ist ein anderes Thema ...), hat es seine Kunden mit in die Entwicklung neuer Artikel einbezogen.

Auf der Website www.tchibo-ideas.de können Menschen Aufgaben einreichen. Sei es, dass sie ein Haushaltsgerät haben, mit dessen Funktionen sie nicht zufrieden sind, oder nach einer Lösung für ein bestimmtes Problem suchen. Andere Menschen machen dazu dann Lösungsvorschläge. Sowohl für die eingereichten Lösungen als auch für die Aufgaben gibt es einen dreistufigen Abstimmungsprozess. Dabei können registrierte Mitglieder für jede Einreichung in den folgenden Abstimmungsphasen jeweils eine Stimme abgeben. Am Ende gewinnt die am besten bewertete Lösung und der Gewinner erhält einen von Tchibo ausgelobten Preis.

Falls Tchibo die Lösung gefällt, kann es zu einer Kooperation und zur Produktion des entsprechenden Artikels oder Helferleins kommen. Mein persönlicher Favorit ist das Schneidebrett mit Auffangschale – sensationell!

Fazit

Verglasen Sie nicht nur Ihre Manufaktur, sondern auch Ihr Labor! Am besten ist, Sie lassen die Wände gleich weg und entwickeln gemeinsam in und mit der Community. Aber seien Sie sich bewusst, dass Sie damit erfolgreich werden könnten ...

4.1 Vision

Na – und was wird da nun alles draus? Hat das Buch Ihnen neue Informationen gegeben? Haben die Beispiele geholfen? Sind Sie ein „Ich-Sender" geworden? Wenn ja, dann freut es mich sehr!!! Wenn nein – dann möchte ich Sie beglückwünschen. Denn Sie sind schon ein echter Meister der Social Media, Sie wissen schon das meiste und Sie haben es bereits im Business ausprobiert und sicher damit Erfolg gehabt. (Ich würde mich übrigens über weitere Beispiele von Ihnen sehr freuen. E-Mail bitte an wolfgang@huennekens.de oder Sie folgen meinem Twitteraccount „limely", vielleicht sehen wir uns auch bei Facebook, LinkedIn oder Xing jeweils unter meinem Namen. Ich bin gespannt!)

Vielleicht zum Schluss – meine Töchter drängeln schon und ich muss zum Ende kommen – einige Gedanken über die Zukunft von Social Media. Eins ist sicher: Social Media sind bestimmt keine „Eintagsfliege" wie so manche behaupten. Social Media ist die Beschreibung für einen Veränderungsprozess in unserer Kommunikation. Die Älteren von Ihnen kennen noch die Situation, als es nur drei öffentlich rechtliche Fernsehprogramme sowie das lokale Radioprogramm in Deutschland gab. Die Tageszeitung war auch nur auf die Region ausgerichtet und selten gab es hier mehr als zwei Tageszeitungen. Damals wie heute sind viele Menschen damit beschäftigt, uns täglich diese Information und Unterhaltung zur Verfügung zu stellen und das ist auch gut und richtig und wichtig. Schließlich ist uns der Medienkonsum zu einer lieben Gewohnheit geworden. Ich persönlich liebe es zum Beispiel, sonntags um 20.15 Uhr den Tatort zu schauen. Dafür werde ich zwar schon oft belächelt – aber das stört mich nicht.

Wenn ich diese Situation analysiere, dann bedeutet es, dass einige Profis (Redakteure, Schauspieler, Werber und viele andere) es mir ermöglichen, mir über eine Medienmarke meine Information zukommen zu lassen. Hier informiert oder unterhält mich und natürlich viele Millionen Zuschauer auch nur einer (beim Tatort oder bei der Tagesschau ist es beispielsweise die ARD). Die Kommunikationsrichtung ist also, dass EINER wirklich VIELE informiert und unterhält („one to many", wie es in der Sprache der Werbung heißt). Dies war zum Teil technisch begründet etwa durch Radio- und Fernsehfrequenzen oder aber auch finanziell limitiert (nicht jeder konnte seine eigene Tageszeitung machen und verkaufen oder gar einen eigenen Fernsehsender betreiben). Dieses Prinzip gibt es nun schon seit vielen Jahren und daraus hat sich eine ganze Industrie entwickelt.

Bei Social Media geht es aber genau genommen noch in viele andere Richtungen. Heute können VIELE (zum Beispiel gemeinsam) Einzelne informieren oder aber jeder EINZELNE ist in der Lage, als „Ich-Sender" seine Meinung zu bestimmten Dingen öffentlich (also an ALLE) zu kommunizieren. (Wer hat dem früher schon einen Leserbrief in der jeweiligen Regionalzeitung geschrieben.) Das alles übrigens zu erheblich niedrigeren Kosten als bisher. Hier potenzieren sich die Möglichkeiten der Information. Zurzeit verbinden wir auch noch jedes Medium mit einem tatsächlichen Gerät. Die Zeitung mit der Papierausgabe, das Radio zum Teil noch mit dem guten alten Transistorradio mit Antenne, das Fernsehen mit dem dazugehörigen Gerät und das Internet mit dem Computer. Seit Jahren wird schon darüber geredet, dass dies alles in einem Gerät (sozusagen multimedial) zusammengeführt wird. Mit Social Media und der damit verbundenen Vervielfachung von Teilnehmern in der öffentlichen Kommunikation steigt das Bedürfnis, diese neuen Inhalte auch nur auf bestimmten Geräten zu haben. Das Handy ist etwa ein Träger aller Kommunikationswege. Telefon, Radio, Fernsehen, Facebook, Twitter, Xing, LinkedIn, SMS und MMS sowie diverse Spiele für den Zeitvertreib laufen alle schon heute auf meinem iPhone.

Das Ganze wird begleitet von der Frage der Glaubwürdigkeit. Wir glauben heute einem Freund oder einem Bekannten eher, als dass wir dem klassischen Medium Vertrauen schenken (früher sagte man, was in der Zeitung steht, ist richtig, sonst wäre es ja nicht aufgeschrieben worden). Das ist heute anders und deshalb wird Social Media unser Kommunikationsverhalten nachhaltig verändern.

Dabei wird es aber nicht bleiben. Diese Form, zu kommunizieren, schafft ganz neue Formen der Zusammenarbeit und der Wissensbereitstellung. Das Thema Crowdsourcing wird meiner Meinung nach bedingt durch Social Media und Communitys neue und bessere Formen der Wertschöpfung schaffen.

Firmen wie beispielsweise Tchibo und Dell entwickeln dazu heute schon neue Produkte und Angebote. Die Firma Jovoto (www.jovoto.com) in Berlin schafft es tatsächlich, ganze Werbekampagnen durch die Mit- und Zusammenarbeitarbeit von VIELEN (einzelnen) Kreativen über eine Internetplattform zu entwickeln und dabei ganz nebenbei auch noch, die in unserem Fachjargon sogenannten Insights in der Communty zu ermitteln. Das beschert den Auftraggebern hervorragende Informationen, wie sie am besten mit ihren Kunden kommunizieren sollten. Wirklich große Klasse und auch international ein tolles Beispiel.

Ganz wichtig aber bleibt festzustellen, dass diese Entwicklung weitergeht. Im Institut of Electronic Business gab es vor einiger Zeit einen Fachkongress zum Internet der Dinge web 3.0. Hier wird erforscht, inwieweit Dinge untereinander und dann auch mit uns Menschen kommunizieren können. Ganz verrückt ist es, wenn wir anfangen, darüber nachzudenken, ob aus unseren Gedanken und unserem Verhalten schon Kommunikation entstehen kann. Dass aber immer mehr Formen der gemeinsamen und individuellen Kommunikation untereinander und auch mit Dingen in Zukunft entstehen werden, scheint klar. Auch sicher bin ich mir bei der Behauptung, dass aus dieser neuen Form der Kommunikation dann eine neue Form der Zusammenarbeit entsteht. Diese neue Form der Zusammenarbeit wird dann interessanter, preiswerter und effektiver sein als die vorherige. Social Media basiert auf der Internettechnologie. Die Erfindung des Internets war also in der Lage, unser Zusammenleben, unsere Kommunikation deutlich zu verändern. Für mich war es immer wichtig, eine solche, in diesem Fall massive, Veränderung frühzeitig zu erkennen, sie vorsichtig auszuprobieren und dann für mich die Entscheidung zu treffen, ob „DAS NEUE" für mich so spannend ist, dass ich mir vorstellen kann, es selbst zu nutzen, weil es deutliche Vorteile hat. Social Media bringt viele Vorteile – aber sicher auch manche Risiken. Probieren Sie es aus und achten Sie möglichst auf Veränderungen. Ich denke, es bleibt auch in Zukunft spannend. Viel Spaß.

4.2 Überblick über wichtige Social Media Marketing Tools

Die Basics

LinkedIn – Das Kontakt-Netzwerk. Beginnen Sie zum Einstieg damit, sobald Sie eine Visitenkarte von jemandem bekommen, sich mit dieser Person zu vernetzen. (www.linkedin.com)

Facebook – Wie wär's mal mit einer eigenen „Facebook-Bewegung"? Starten Sie ein Thema, dass nicht unmittelbar auf Ihre persönliche Facebook-Seite oder eine Fan-Seite bezogen ist. (www.facebook.com)

Twitter – Der unmittelbarste, schnellste und einfachste Dienst von allen, um ein „Ich-Sender" zu werden. (twitter.com)

Google Profile – Erstellen Sie ein Micro-Profil von sich, das in sämtlichen Ihrer Google-Dienste angezeigt wird und das über die Google-Suche gefunden werden kann. (http://www.google.com/profiles/)

Plaxo – Ein praktisches Helferlein, um Ihre Outlook-Kontakte und Ihren Kalender aktuell zu halten, sich mit Ihren Kontakten zu verbinden und Dateien, Websites etc. zu teilen. (www.plaxo.com)

SchülerVZ, StudiVZ und meinVZ – In Deutschland weit verbreitet und deshalb ein wichtiges Tool, wenn man mit der Jugend in Kontakt treten will oder einfach mal „gegruschelt" werden möchte. (www.studiVZ.de)

Kommunizieren und Zuhören

LinkedIn Answers – Fragen stellen und Antworten erhalten. So einfach. (www.linkedin.com/answers)

LinkedIn Groups – Hier finden Sie Gruppen, die für Ihr Business oder Ihre Interessen relevant sind. (www.linkedin.com/groupsDirectory)

Yahoo! Answers – Ähnlich wie bei LinkedIn, eher für den privaten Gebrauch. (de.answers.yahoo.com)

Google Alerts – Bleiben Sie auf dem Laufenden über Ihre Mitbewerber, Produkte, Stichworte oder sich selbst. (www.google.com/alerts)

Google Groups – Hier finden Sie relevante Gruppen oder können selber solche initiieren. (groups.google.com)

Google Reader – Verwalten und lesen Sie Ihre abonnierten RSS-Feeds zentral, falls Ihr Outlook dies nicht zulässt. (www. google.com/reader/view)

Backtype – Lassen Sie sich über Kommentare, Bemerkungen oder Erwähnungen bestimmter Artikel, Posts oder Blog-Kommentare benachrichtigen. (www.backtype.com)

Ning – Gründen Sie Ihr eigenes soziales Netzwerk. (www.ning. com)

Twitter Management

Tweetdeck – Ein wirklich gutes Twitter Management-System (TMS). (www.tweetdeck.com)

Hootsuite – Ein mächtiges TMS, mit dem Sie mehrere Twitter-Accounts verwalten können, zeitgesteuert tweeten und Ihren Twitter-Erfolg messen können. (www.hootsuite.com)

Twitterfeed – Ein nützliches Plug-in für Ihren Blog, das neue Artikel automatisch auf Twitter veröffentlicht. Inklusive Kurz-URL. (www.twitterfeed.com)

Twitter Search – Die Twitter-Suchmaschine in Echtzeit. (search.twitter.com)

Tweetmeme – Was ist auf Twitter gerade „hot"? (tweetmeme. com)

Twilert – Lassen Sie sich zu bestimmten Suchbegriffen per E-Mail informieren, sobald diese bei Twitter auftauchen. (www. twilert.com)

Yammer – Sie wollen in Ihrem Unternehmen intern „twittern"? Yammer ist die Lösung (auch wenn der Titel nicht Programm sein sollte …). (www.yammer.com)

Tagalus – Falls Sie mal nicht wissen, was ein bestimmter #hashtag bedeutet. (www.tagal.us)

MyTweeple – Hiermit können Sie Ihre Follower und Tweets managen. Schönes Feature: Vergleich, wer Ihnen auch zurückfolgt. (www.mytweeple.com)

Twitter Facebook App – Integrieren Sie Ihren Twitter-Account in Ihre Facebook-Seite. (http://www.facebook.com/apps/application.php?id=2231777543)

Selective Twitter Facebook App – Entscheiden Sie, welche Ihrer Tweets auf Ihrer Facebook-Seite erscheinen sollen, indem Sie dem Tweet #fb hinzufügen. (apps.facebook.com/selectivetwitter)

Seesmic – Desktop-Client für mehrere Twitter-Accounts. (www.seesmic.com)

Content Sharing

delicious – Teilen Sie Ihren Content mit dem Social Bookmarking-Marktführer delicious. (www.delicious.com)

Slideshare – Teilen Sie Ihre PowerPoint-Präsentationen mit der Community. Großartiger Dienst! (www.slideshare.com)

YouTube – Das Video-Sharing-Portal Nr. 1. (www.youtube.com)

Vimeo – Eine Alternative zu YouTube. (www.vimeo.com)

Tubemogul – Laden Sie Ihre Videos bei Tubemogul hoch und lassen Sie sie auf diverse Video-Sharing-Portale verteilen. (www.tubemogul.com)

StumbleUpon – Generiert interessenbezogenen Content für die User. (www.stumbleupon.com)

Digg.com – Content-Sharing-Portal mit den Schwerpunkten News und Technik, mit Bewertungsmöglichkeit. (www.digg.com)

Marketwire/PRWeb – Kommunizieren Sie Ihren Content über Social Media Online-Pressemitteilungen. (www.marketwire.com, www.prweb.com)

Google Custom Search – Mit der benutzerdefinierten Suche von Google können Sie eine benutzerfreundliche Suche für Ihre eigene Website oder Ihren Blog erstellen. (www.google.com/coop/cse)

Scribd – Finden und teilen Sie Literatur mit der Community. (www.scribd.com)

Squidoo – Finden und teilen Sie Inhaltsangaben, Überblicke und Excerpts. (www.squidoo.com)

Flickr – Das Nr.1 Foto-Sharing-Portal. (www.flickr.com)

Blogging/CMS Tools

WordPress – Die Nr. 1 für professionelle und kostenlose Blogs. Auch als Content Management System (CMS) einsetzbar. Extrem unkompliziert! (www.wordpress-deutschland.org)

TypePad – Eine Alternative zu WordPress. (www.sixapart.com/de/typepad)

Joomla – Eine weitere Alternative. (www.joomla.de)

Technorati – Das Blog-Verzeichnis. (www.technorati.com)

IceRocket – Suchen Sie per Kategorie nach Blogs und Blog-Einträgen. (www.icerocket.com)

Google Blog Search – Googles Blog-Suchmaschine. (blog-search.google.com)

Tumblr – Sie wollen bloggen, nichts installieren oder einrichten, einfach nur schnell und unkompliziert? Das ist Tumblr. Einziges Manko: Es gibt keine Kommentarfunktion. (www.tumblr.com).

Posterous – Veröffentlichen Sie Blog-Einträge per E-Mail. Schnell und simpel. (www.posterous.com)

Tipjoy – Auch in Social Media kann Geld verdient oder gespendet werden. (www.tipjoy.com)

Kontrolle, Analyse und Statistik

Google Analytics – Der Analyse-Dienst von Google. Sehr mächtig und umfangreich. (http://www.google.com/analytics)

Hubspot – Eine Alternative zu Google Analytics, professionell und kostenpflichtig. (www.hubspot.com)

Website Grader – Analysieren Sie Ihre Website oder Ihren Blog aufgrund diverser Faktoren. (www.websitegrader.com)

Alexa – Aussagekräftige Informationen zu Ihrer Website und Vergleiche mit anderen Adressen. (www.alexa.com)

Compete.com – Sehr gutes Vergleichstool für mehrere Websites. (www.compete.com)

Woopra – Umfangreiche Analysetools für Ihre Website. (www.woopra.com)

Tagesgeschäft

Google Apps – Googles „Software-as-a-Service" für Unternehmens-E-Mail, Informationsaustausch und Sicherheit. (www.google.de/apps/intl/de/business)

Google Docs – Word-Dokumente, Tabellen und Präsentationen gemeinsam online bearbeiten. (docs.google.com)

Microsoft Live Workspace – Microsofts Alternative zu Google Docs mit 5 GB kostenlosem Speicherplatz. Interessanter Dienst, wenn Sie in Ihrer MS Office-Umgebung arbeiten möchten. (www.officelive.com/de-DE)

Teamwork Project Manager – Einfach zu bedienendes Projekt Management Tool. (http://www.teamworkpm.net)

BaseCamp – Eine gute Alternative zu TPM. (www.basecamphq.com)

Freemind – Kostenlose Open Source Mind-Mapping Software. (http://sourceforge.net/projects/freemind)

Mindmanager – Sehr gute Mind-Mapping-Software. (www.mindjet.com)

Mindmeister.com – Online Mind-Mapping mit kostenlosem Basis-Account zum Brainstormen. (www.mindmeister.com/de)

Drop Box – Online-Speicher für Ihre Dokumente und Dateien mit Synchronisierung, von überall abrufbar. Toller Dienst! 2GB-Account kostenlos. (www.getdropbox.com)

Habe ich ein wichtiges, gutes oder interessantes Tool vergessen? Schreiben Sie mir oder kommentieren Sie diese Liste in meinem Blog.

Danksagung

Nachdem ich Ihnen hoffentlich einiges Neues über Social Media berichtet habe, möchte ich mich noch bei jemandem bedanken, ohne den Sie dieses Buch niemals in den Händen halten würden – und damit meine ich nicht meine Eltern, sondern meine Frau Kirstin. Ohne ihre Geduld, ohne die fruchtbringenden Diskussionen zu den unmöglichsten Zeiten und an den verrücktesten Orten wäre die Arbeit für mich nicht möglich gewesen. Mehr noch: Ihre persönliche kritische Haltung gegenüber dem Web 2.0 und den Social Media waren für mich mehr als einmal der Ansporn, ihr das Gegenteil zu beweisen. Ob es geklappt hat? Einen Twitter-Account hat sie jedenfalls noch nicht ...

Wertvoll, nicht nur für dieses Buch, waren auch die Anregungen und Hinweise, aber auch die wissenschaftliche Sicht meines Freundes Thoschi. Als Prof. Dr. Dr. Thomas Schildhauer hat er freundlicherweise auch ein paar einleitende Worte für dieses Buch gefunden.

Last but not least möchte ich mich bei Jan Schaumann und Christoph Blase bedanken, die mich tatkräftig bei der inhaltlichen Umsetzung und den Recherchen in den Weiten der Social Media unterstützt haben. Auch bei Nina Eggemann, die die (lustigen, ansprechenden) Grafiken zu diesem Buch beigetragen hat, möchte ich mich herzlich bedanken. Sollte ich noch jemanden vergessen haben, so möge er mir das nachsehen und sich an dieser Stelle heftig gedrückt fühlen. Bis bald!

Ihr

Berlin, 15. Juli 2009

Expertenwissen auf einen Klick

Gratis Download:
MiniBooks – Wissen in Rekordzeit

MiniBooks sind Zusammenfassungen ausgewählter BusinessVillage Bücher aus der Edition PRAXIS.WISSEN. Komprimiertes Know-how renommierter Experten – für das kleine Wissens-Update zwischendurch.

Wählen Sie aus mehr als zehn MiniBooks aus den Bereichen: **Erfolg & Karriere, Vertrieb & Verkaufen, Marketing und PR.**

→   www.BusinessVillage.de/Gratis

BusinessVillage
Update your Knowledge!

Verlag für die Wirtschaft

Heiko Burrack
Erfolgreiches New Business für Werbeagenturen
Mit Insights, Tipps und Checklisten

288 Seiten; 2009; 29,80 Euro
ISBN 978-3-86980-001-1; Art-Nr.: 796

Die Pflichtlektüre für Agenturen und Einzelkämpfer – für alle, die in der Kommunikationsbranche ihr Geld verdienen. New Business-Experte Heiko Burrack bringt mit seinem neuen Buch Licht in die Szene und lüftet den Mythos „New Business".

Was ist dran am „Kostendrücker" Einkauf? Welche Faktoren sind bei der Etatvergabe entscheidend? Der Autor zeigt die beliebtesten Fehler in der Akquise und gibt tiefe Einblicke in bisher verschlossene Bereiche. Von der Positionierung über die Kontaktaufnahme bis hin zur finalen Pitch-Präsentation illustriert dieses Buch das neue „New Business". Denn beim erfolgreichen Neukundengeschäft geht es nicht nur um Kreativität, sondern vielmehr um Dienstleistungen, die verkauft werden müssen.

Mit praktischen Tipps und hilfreichen Checklisten lernt der Leser, mit den Augen seiner Auftraggeber zu sehen. Denn wer den Pitch zu seinen Gunsten entscheiden will, sollte den „Beschaffungsprozess" seiner Kunden verstanden haben.

Miriam Godau, Marco Ripanti
Online-Communitys im Web 2.0
So funktionieren im Mitmachnetz Aufbau,
Betrieb und Vermarktung

214 Seiten; 2008; 34,90 Euro
ISBN 978-3-938358-70-2; Art-Nr.: 741

Das große Mitmachnetz 2.0 – Ein Leben ohne Community
können sich viele Menschen nicht mehr vorstellen. MySpace,
StudiVZ, YouTube & Co. laden die User zu einer ganz persönlichen Nabelschau ein und Investoren lassen sich dieses
Userpotenzial Millionen kosten. Die Einsatzmöglichkeiten von
Communitys sind dabei schier unendlich. Ganz gleich ob zum
reinen Zeitvertreib, zur Anbahnung von Geschäftsbeziehungen,
zum Austausch von Fachinformationen oder zur Kunden- bzw.
Produktbindung. Mit der passenden Architektur lässt sich für
jede Zielgruppe eine passgenaue Community entwickeln.

In einer gelungenen Verbindung aus Theorie und Praxis zeigen
die Autoren, wie Communitys funktionieren, worauf beim
Aufbau und Betrieb zu achten ist und wie man sie geschickt
vermarktet. Insidergespräche mit bekannten Community-Grün-
dern und -Größen ermöglichen Ihnen einen interessanten Blick
hinter die Kulissen und vermitteln wertvolles Insiderwissen.

Und der Clou dieses Buches: Ihre Meinung ist gefragt! Im
Mitmach-Netz können Sie schon während der Lektüre Fragen
und Anregungen posten: *www.community2null.de*

Die Kunst der Markenführung

Carsten Busch, Sonja Kastner,
Christina Vaih-Baur
Die Kunst der Markenführung
Aufbau, Pflege und Bewertung von
Marken

176 Seiten; 2009; 17,90 Euro
ISBN 978-3-934424-81-4 ; Art-Nr.: 603

Marken sind kleine Wunderwaffen — sie kennzeichnen Produkte und Dienstleister, machen einzigartig und unterscheidbar. Gut geführt sind sie ein Garant für den Erfolg des Produktes und sie sind nicht nur den großen Unternehmen der Konsumgüterindustrie vorbehalten. Auch in Nischen und speziellen Märkten können Unternehmen/Produkte den Markenstatus erlangen.

Die Autoren zeigen in diesem Buch, wie das „Prinzip Marke" funktioniert und wie es gewinnbringend eingesetzt werden kann. Praxisorientiert werden dem Leser die wesentlichen Aspekte des Markenmanagements vermittelt.

Der Leser erfährt:
• wie Ideen und Produkte als Marke inszeniert werden
• wie Marken eingeführt werden
• wesentliche Aspekte der Markenwert-Ermittlung
• wie man von Siegermarken lernt
• die Do's und Dont's im Markenmanagement